职业教育电子信息类专业产教融合新形态教材

电子技术
实训项目教程
（含工作活页）

主　编 ◎ 杨　伟　　王敏辉　　王志庆

副主编 ◎ 戚国强　　候付伟

参　编 ◎ 陈红军　　郎秀珍　　刘佳洁

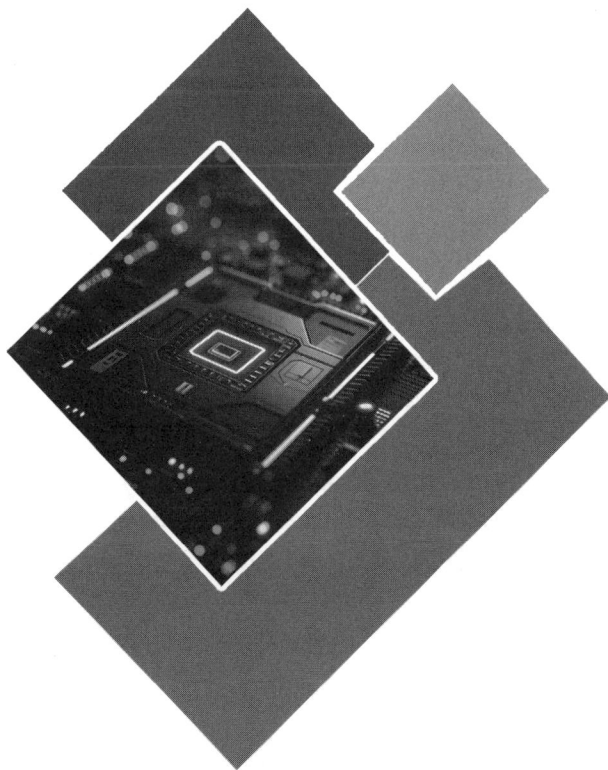

电子工业出版社

Publishing House of Electronics Industry

北京·BEIJING

内 容 简 介

本书以电子技术实训为主，按照项目教学的要求进行编写，包含 5 个项目、17 个任务，可在一到两个学期内完成。其中，项目一、项目二和项目三分别为电子实训操作安全、常用电子元器件识别和检测、手工焊接与返修技能；项目四为常用电子测量仪器、仪表的使用；项目五为单元电子电路的设计、装配和调试。

本书的编写力求使课程内容贴近实际就业的岗位要求；内容以现行国家标准为依据，紧密对接相关专业课程的教学需求与课程特点，遵循职业院校学生的认知规律，针对性与适用性都很强。编写时按照先基础、后综合、再创新的思路安排实训课程内容。将技能教学和训练进行分层次设置，在技能教学上突出基础性，在技能训练上力争做到实训内容以学习者为中心，增加工艺性、设计性、综合性实训，体现"以练促学"。

本书可作为职业院校电子与信息技术、电子技术应用、电子电器应用与维修等专业的实训课程教材，也可作为"1+X电子装联"职业技能等级考证（初、中级）和电子生产企业的岗位技能培训用书。

图书在版编目（CIP）数据

电子技术实训项目教程 ：含工作活页 / 杨伟，王敏辉，王志庆主编. -- 北京 ：电子工业出版社，2024.

11. -- ISBN 978-7-121-49274-7

Ⅰ．TN

中国国家版本馆 CIP 数据核字第 2024TM4353 号

责任编辑：张　凌

印　　刷：大厂回族自治县聚鑫印刷有限责任公司

装　　订：大厂回族自治县聚鑫印刷有限责任公司

出版发行：电子工业出版社

　　　　　北京市海淀区万寿路 173 信箱　邮编　100036

开　　本：880×1 230　1/16　印张：11.25　字数：383.04 千字　插页：36

版　　次：2024 年 11 月第 1 版

印　　次：2024 年 11 月第 1 次印刷

定　　价：47.50 元

凡所购买电子工业出版社图书有缺损问题，请向购买书店调换。若书店售缺，请与本社发行部联系，联系及邮购电话：（010）88254888，88258888。

质量投诉请发邮件至 zlts@phei.com.cn，盗版侵权举报请发邮件至 dbqq@phei.com.cn。

本书咨询联系方式：（010）88254583，zling@phei.com.cn。

本书依据《国家职业教育改革实施方案》以及教育部发布的《中等职业学校电子技术基础与技能教学大纲》，并结合"1+X 电子装联"职业技能等级标准（初、中级）要求编写而成。

本书以电子技术实训为主，按照项目教学的要求进行编写，包含 5 个项目、17 个任务，可在一到两个学期内完成。其中，项目一、项目二和项目三分别为电子实训操作安全、常用电子元器件识别和检测、手工焊接与返修技能；项目四为常用电子测量仪器、仪表的使用；项目五为单元电子电路的设计、装配和调试。

本书主要呈现以下特点：

一、紧扣能力培养目标，对接职业标准，实施"岗课赛证"融合育人。本书在编写过程中，突出体现"以学生为中心"的职业教育理念，坚持"做中学，做中教"的职业教育教学特色；结合新时代职业教育实践、实训需求组织课程内容。在产教融合方面，积极邀请行业企业（"1+X 电子装联"职业技能等级标准制定企业）和学校共同开发，让企业专家深度参与本书的编写工作，将"1+X 电子装联"职业技能等级证书考核内容按照项目教学的要求融入课程。同时，引入"全国职业院校技能大赛（中职组）电子产品设计与应用"赛项的竞赛内容——Multisim 仿真软件技术，真正做到"岗课赛证"有机融合。

二、内容呈现形式新颖，方便灵活使用。树立"以职业能力为教育的基础，并以之作为培养目标和教育评价的标准"的能力本位教育理念，注重学生创新能力和团结协作能力的培养。本书采用项目式编写方式，每个项目包含若干任务，项目及任务实施前提出"知识目标"、"技能目标"和"学习目标"，使学生明确要掌握哪些知识与技能；"基础知识"以"必需、够用"为度，"技能训练"指导学生如何应用所学知识完成给定的工作任务，培养学生动手能力。在编写形式上，本书将"技能训练"部分采用"工作活页"的形式呈现，有效开展技能实训与考核评价。"工作活页"的每个任务后均附有"思考与练习"，可用于检查学生学习效果、巩固所学知识。

三、充分挖掘思政元素，因势利导立德树人，突出课程思政中的"思想价值引领"。本书在"时代剪影"模块中引入近年来我国在电子领域取得的巨大成就等内容，不仅可以让学生了解我国在科技创新和制造技术水平上的新发展，更有利于培养学生的民族自豪感及立志成为大国工匠的进取精神。

四、信息技术与教学有机融合，方便在线学习。为了满足"互联网+职业教育"新要求，本书配备较为丰富的数字化教学资源，可以通过扫描书中的二维码，以及登录华信教育资源网获得本书的课程标准、教学视频、教学设计、教学课件和 Multisim 14 仿真源程序等资源。读者还可以通过登录快克智能装备学习平台，使用"1+X 电子装联"职业技能等级证书（初、中级）在线题库和在线认证考核等学习资源。

　　本书由芜湖高级职业技术学校杨伟、汕头市林百欣科学技术中等专业学校王敏辉和芜湖高级职业技术学校王志庆担任主编，常州快克智能装备股份有限公司戚国强和深圳市第三职业技术学校候付伟担任副主编，参与编写的还有芜湖高级职业技术学校陈红军、郎秀珍和汕头市林百欣科学技术中等专业学校刘佳洁。本书在编写过程中得到常州快克智能装备股份有限公司和优利德科技（中国）股份有限公司等企业在专业上的编写指导和图文素材授权使用。编者在此表示衷心感谢。

　　由于编者水平有限，本书难免存在疏漏之处，恳请广大读者批评指正。

编　者

拓展资源

CONTENT 目 录

电子实训操作安全

在电子实训过程中，我们会接触到很多复杂的电子电路和实训设备，用电过程中，如果操作不当很可能带来危险。触电事故不同于其他事故，往往无显示迹象，人的感觉器官不能预先察觉，而无从防范。因此，事故一旦发生，顷刻之间就可能造成人身伤害和财产损失的严重后果。此外，实训过程中的静电也会对电子产品产生不良影响，根据相关国家标准，电子产品生产制造全流程工艺都须严格执行静电防护技术。所以，在进行电子实训之前，必须学习和掌握本岗位安全用电的相关知识与技能，并严格遵守本岗位的安全文明操作规程。

现代电子产品生产企业普遍推崇"整理、整顿、清扫、清洁、素养、安全"等现场管理模式，以提高生产效率，简称 6S 管理。通过对 6S 管理措施的学习，我们可以初步了解现代化生产现场对人员、设备、物料、方法、环境等生产要素进行有效管理的科学方法。

知识目标

1. 掌握安全用电常识；
2. 掌握静电产生的原因、危害及防护措施；
3. 了解现场 6S 管理措施。

技能目标

掌握静电防护用具和静电检测设备的使用技巧。

任务知识网络

```
                                              ┌─ 静电常识
安全用电常识 ┐   ┌─────┐   ┌─────┐   ┌─────┐  ├─ 电子产品生产中静电防护
            ├──│安全用电│──│电子实训│──│电子产品│  ├─ 电子产品生产中静电检测设备
现场6S管理措施 ┘   └─────┘   │操作安全│   │静电防护│  └─ 电子产品生产中静电消除设备
                          └─────┘   └─────┘
```

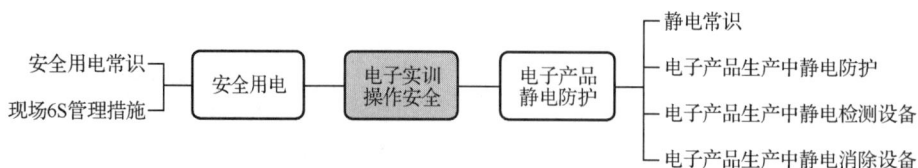

任务一　安全用电

一、学习目标

1. 掌握电对人的伤害及防范措施；
2. 掌握电子实训的安全用电知识；
3. 了解现场 6S 管理措施。

二、工作任务

电子实训中的安全用电知识。

三、实践操作

基础知识

（一）安全用电常识

电是现代物质文明的基础，同时又是危害人类的肇事者之一。由于缺乏安全用电知识，不重视安全用电的规章制度，触电事故时有发生。进行电子实训时一定要懂得安全用电的常识，严格遵守实训安全操作规程，将安全用电的观念贯穿在实训的全过程。

本任务首先依据现行有关安全用电的国家标准，学习有关安全用电的术语和常识，识别常用电气安全标志。其次，初步了解现场 6S 管理的内容，为今后成为电子产品生产制造相关岗位技术人员打好管理认知基础。

1. 安全用电术语

依据现行国家标准《用电安全导则》（GB/T 13869—2017）、《电气安全术语》（GB/T 4776—2017）和《电气安全标志》（GB/T 29481—2013），电子实训中常用的安全用电术语如下。

（1）电气设备：按功能和结构适用于电能应用的产品或部件。包括发电、输电、配电、贮存、测量、控制、调节、转换、监督、保护和消费电能的产品，还包括通信技术领域中的及由它们组合成的电气设备、电气装置和电气器具。

（2）电气装置：为实现特定目的且具有互相协调特性的电气设备的组合。

（3）直接接触：人或动物与带电部分的电接触。

（4）间接接触：人或动物与故障情况下带电的外露可导电部分的电接触。

（5）保护接地：为了电气安全，将系统、装置或设备的一点或多点接地。

2. 触电

人体因触及带电体受到电流作用而造成局部受伤，甚至死亡的现象称为触电。电子实训中触电的形式有 3 种，分别为单相触电、两相触电和悬浮电路触电，如图 1-1-1 所示。

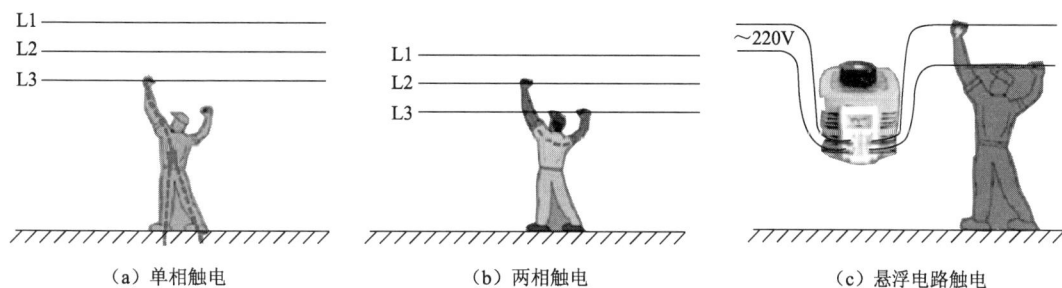

（a）单相触电　　　　　　　（b）两相触电　　　　　　　（c）悬浮电路触电

图 1-1-1　触电的形式

单相触电是指人体的某一部位接触到相线或绝缘性能不好的电气设备外壳时，电流由相线经人体流入大地的触电现象，如图 1-1-1（a）所示。

两相触电是指人体的不同部位分别接触到同一电源的两根不同相位的相线，电流由一根相线经人体流到另一根相线的触电现象，如图 1-1-1（b）所示。

220V 的交流电通过变压器的一次绕组时，与一次绕组相隔离的二次绕组将产生感应电动势，且与大地处于悬浮状态，这时若人体接触其中的一端，不会构成回路，也就不会触电。但若人体接触二次绕组的两端时，就会造成触电，称为悬浮电路触电。另外，一些电子产品的金属底板常常是悬浮电路的公共接地点，维修时，若一手触高电位点，另一手触低电位点，也会造成悬浮触电，维修时应单手操作。悬浮电路触电如图 1-1-1（c）所示。

电流对人体的伤害有电击和电伤两种。

电击是指电流通过人体而引起的生理效应。

电伤是指电流对人体外部造成的局部伤害，包括电弧烧伤、熔化的金属渗入皮肤等伤害。

3. 触电的原因

人体是可以导电的。人体是一个阻值不确定的电阻，皮肤干燥时电阻可呈现 100kΩ 以上，这时通过人体的电流较小；可是一旦皮肤潮湿，电阻可下降到 1kΩ 以下，在这种情况下，低电压也会危及生命。

电流对人体伤害的严重程度，与通过人体的电流大小和种类、通电时间，以及电流通过人体的部位、途径等多种因素有关。直流电一般引起电伤，而交流电一般会同时引起电伤与电击。特别是 40～100Hz 交流电对人体最危险。而人们日常使用的工频交流电源（50Hz）也在这个危险频段。电流对人体的作用如表 1-1-1 所示。

表 1-1-1　电流对人体的作用

电流/mA	通电时间	交流电（50Hz）对人体的作用	直流电对人体的作用
0～0.5	连续	无感觉	无感觉
0.5～5	连续	有刺激疼痛感，无痉挛	无感觉
5～10	数分钟内	痉挛、剧痛，但可自行摆脱	有针刺、压迫及灼热感
10～30	数分钟内	引起肌肉痉挛，呼吸困难	压痛、刺痛、灼热强烈
30～50	数秒至数分钟	强烈痉挛，昏迷	有剧痛、强烈痉挛
50～100	超过 3 秒	心室颤动，心脏麻痹而停跳	剧痛、痉挛、呼吸困难或麻痹

触电通常是因为人们没有遵守操作规程或粗心大意，直接触及或过分靠近电气设备的带电部分。触电的主要原因具体分为两类。

（1）用电设备不合要求。电烙铁、电风扇等电气设备绝缘损坏，漏电及其外壳无保护接地或接地线接地不良；开关、插座的外壳破损或相线绝缘老化，失去保护作用；绝缘线被电烙铁烫坏引起触电等。

（2）用电不当。违反布线规程，在室内乱拉线，在使用中不慎造成触电；随意加大熔断器的规格或用铜丝替代熔断器，从而失去保险作用，引起触电；用湿布擦拭电线和电器，也容易造成触电。

4．触电的预防

人的生命是最为宝贵的。安全保护首先保护人身安全，预防触电是安全用电的核心。

（1）安全用电通用要求。

根据《用电安全导则》国家标准，安全用电的通用要求包括以下几点。

① 正确选用用电产品的规格型式、容量和保护方式（如过载保护等），不得擅自更改用电产品的结构、原有配置的电气线路以及保护装置的整定值和保护元件的规格等。

② 选择用电产品，应确认其符合产品使用说明书规定的环境要求和使用条件，并根据产品使用说明书的描述，了解使用时可能出现的危险及应采取的预防措施。用电产品检修后重新使用前应再次确认。

③ 用电产品应该在规定的使用寿命期间内使用，超过使用寿命期限的应及时报废或更换，必要时按照相关规定延长使用寿命。

④ 任何用电产品在运行过程中，应有必要的监控或监视措施；用电产品不允许超负荷运行。

⑤ 用电产品因停电或故障等情况而停止运行时，应及时切断电源。在查明原因、排除故障，并确认已恢复正常后才能重新接通电源。

⑥ 正常运行时会产生飞溅火花或外壳表面温度较高的用电产品，使用时应远离可燃物质或采取相应的密闭、隔离等措施，用完后及时切断电源。

（2）安全用电预防措施。

预防触电的措施很多，以下几条是最基本的安全保障。

① 工作时总电源上要装有漏电保护开关。

② 随时检查所用电器的插头、插座、电线，发现它们破损老化时及时更换。

③ 在任何情况下，严禁用手去判断接线端是否带电，必须用完好的验电器进行判断。

④ 各种电气设备，如仪器仪表、电气装置、电动工具等，应接好安全保护接地线。

⑤ 在正常情况下的带电装置，要加绝缘保护，并且置于人不容易接触到的地方。

5. 安全用电操作要领

实训过程中的安全用电操作要领如表 1-1-2 所示。

表 1-1-2 安全用电操作要领

序号	用电操作场景	安全用电操作要领
1	接通与断开用电设备	（1）任何情况下检修电路和电器时都要先断开电源，拔下电源插头； （2）不要用湿手触及开关、插拔电器和电气装置的任何部分
2	检修用电设备	（1）不要同时触及两件电气设备； （2）发现电气设备着火、冒烟或有不正常气味时，应迅速断开电源，并请专业人员进行检修
3	不清楚电线或设备是否带电时	遇到不明情况的电线，先认为它是带电的
4	发现电气设备冒烟、起火时	电气着火不要使用水进行灭火
5	电气线路安装搭接	在非安全电压下作业时，应尽可能单手操作，并应站在绝缘胶垫上
6	高电压大容量电容器检修	先进行电容器放电，再进行检修

6. 识别电气安全标志

生产实践及电子实训过程中的电气安全标志如表 1-1-3 所示。

表 1-1-3 电气安全标志

序号	标志	含义	使用场所
1		当心触电	临时电源配电箱、检修电源箱的门上；或设置在生产现场可能发生触电危险的电气设备上
2		注意安全	位于行人、车辆（或机械）通行处的线路杆塔下或易造成人员伤害的场所及设备等的适当位置
3		当心自动启动	配有自动启动装置的设备

续表

序号	标志	含义	使用场所
4		禁止合闸，线路有人工作	已停电检修（施工）的设备或线路隔离开关的操作把手上
5		禁止启动	暂停使用的设备，如设备检修时的设备
6		当心电缆	暴露的电缆或地面下有电缆施工的地点
7		必须拔出插头	设备维修、故障、长期停用、无人值守状态下的地点
8		必须接地	防雷、防静电、设备金属外壳等场所

（二）现场 6S 管理措施

6S 管理是现代企业切实有效的现场管理手段和方法。现场 6S 管理标准是为了打造一个舒适、干净整洁、井然有序、高效率的生产现场，提高企业的竞争力。现场 6S 管理如图 1-1-2 所示。

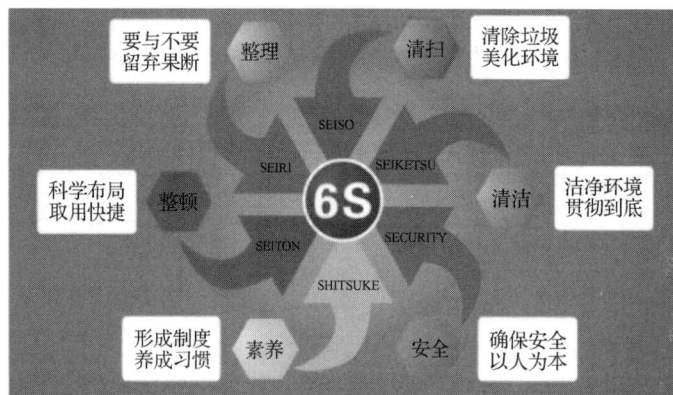

图 1-1-2　现场 6S 管理

（1）整理。

将工作场所的任何物品区分为有必要的和不必要的，仅保留有必要的物品，其他不必要的则予以消除。其目的是腾出空间，防止误用，塑造清爽的工作场所。现场整理前后对比如图 1-1-3 所示。

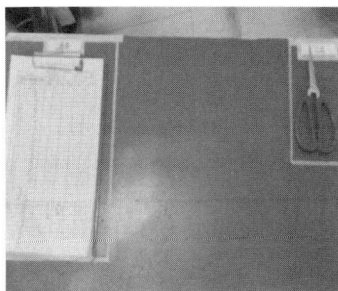

（a）整理前　　　　　　　　　　　　　　（b）整理后

图 1-1-3　现场整理前后对比

（2）整顿。

对必要物品进行分类并规定放置位置，明确标识，保持工作环境整洁有序。这样做可以减少寻找物品的时间，提高工作效率。现场整顿前后对比如图 1-1-4 所示。

（a）整顿前　　　　　　　　　　　　　　（b）整顿后

图 1-1-4　现场整顿前后对比

（3）清扫。

清扫工作区域内的脏污，并防止污染的发生，将工作环境打扫得整齐清洁，同时在清扫时检查各项设施，以及工具、机器工作状态是否正常。现场清扫前后对比如图 1-1-5 所示。

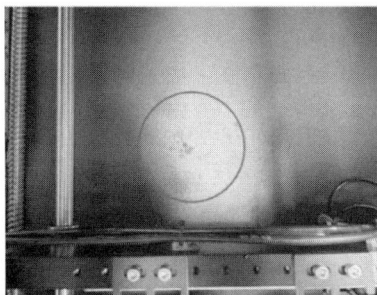

（a）清扫前　　　　　　　　　　　　　　（b）清扫后

图 1-1-5　现场清扫前后对比

（4）清洁。

要确保作业区域清洁，需要维持整理、整顿和清扫等活动，需要排查影响作业环境的问题，并加以改善，其中包括处理油烟、粉尘、噪声的问题，并制定规范和标准，确保所有人员都能遵守。现场清洁如图 1-1-6 所示。

物料区 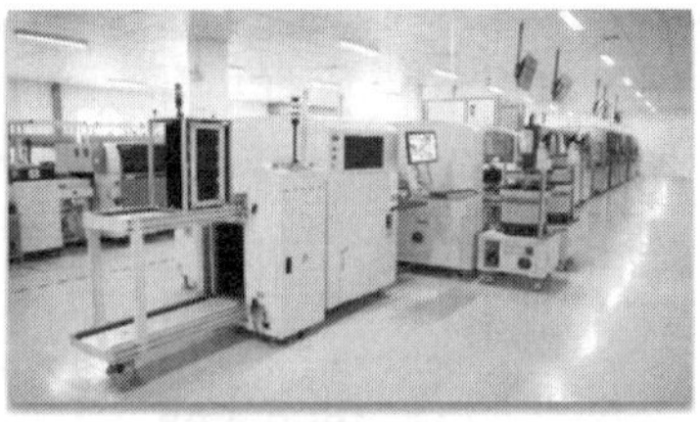　　　　　　　　　　　生产区

返修区 　　　　　　　　　　　成品区

图 1-1-6　现场清洁

（5）素养。

提高人员的素质，培养人员积极主动的工作态度，使他们能够遵守规则，自觉对工作场所进行整理、整顿、清扫和清洁。人员素养培训如图 1-1-7 所示。

图 1-1-7　人员素养培训

（6）安全。

加强安全教育和管理，确保生产现场的安全。需要排查影响安全健康的问题和可能引发事故的隐患，其中包括处理人员安全、产品安全和设备安全的问题。安全管理如图 1-1-8 所示。

（a）生产安全看板　　　　　　　　（b）安全风险标识

图 1-1-8　安全管理

在电子技术实训课程中，应将优秀企业现场 6S 管理模式有机地融入到教学实训管理中，如图 1-1-9 所示。这样，不仅能确保训练更加规范和安全，同时还能让学生提前适应现代化企业的管理模式。

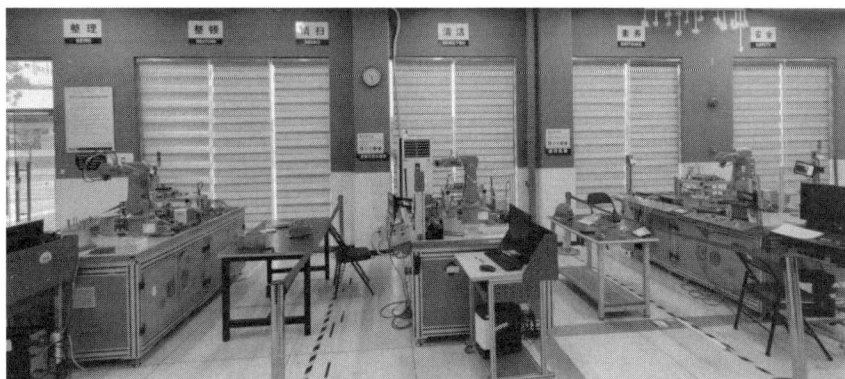

图 1-1-9 将现场 6S 管理融入到教学与实训管理中

任务二 电子产品静电防护

一、学习目标

1. 了解静电的概念；
2. 掌握静电对电子产品的危害及防范措施；
3. 掌握电子实训中的静电防护技术。

二、工作任务

电子实训中的静电防护技术。

三、实践操作

基础知识

（一）静电常识

依据最新的国家标准《静电安全术语》（GB/T 15463—2018）定义，静电是处于相对静止的电荷。静电可由物质的接触与分离、静电感应、介质极化和带电微粒的附着等物理过程而产生。

1. 电子产品生产中静电的产生

在电子产品生产的多个环节中都有可能产生静电。静电的形式如图 1-2-1 所示。

①物体摩擦产生静电　②物体分离产生静电　③静电感应产生静电

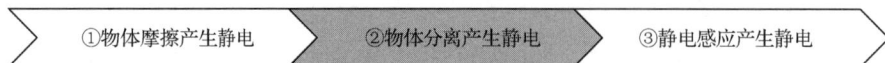

图 1-2-1　静电的形式

（1）摩擦带电：两件物体相互摩擦产生静电的现象称为摩擦带电。

（2）分离带电：原先接触的两件物体分开（分离）时产生静电的现象称为分离带电。以电子产品生产中 IC（Integrated Circuit）芯片保护膜为例，在分开原本卷在芯片上的保护膜时，会产生静电；分离速度越快，带电量越大。

（3）感应带电：因带电物体接近或离开其他物体而带电，没有相互接触却带上静电的现象称为感应带电。如电子产品生产中，只需要将带电物体靠近 IC 芯片，便会发生带电现象（静电感应）。

2. 电子产品生产中静电的危害

静电放电对电子产品造成的危害有：引起电子设备的故障或误动作，造成电磁干扰；击穿集成电路和精密的电子元件，或者促使元件老化，降低生产成品率；高压静电放电造成电击，危及人身安全；在多易燃易爆品或粉尘、油雾的生产场所极易引起爆炸和火灾。

静电引力对电子产品造成的危害有：吸附灰尘，造成集成电路和半导体元件的污染，大大降低生产成品率。

（二）电子产品生产中静电防护

电子产品生产中静电防护尤为重要。目前现行国家标准包括《静电防护管理通用要求》（GB/T 39587—2020）、《航天电子产品静电防护要求》（GB/T 32304—2015）和《静电学　第 5-1 部分：电子器件的静电防护通用要求》（GB/T 37977.51—2023）等，此外按照 ESD20.20、IEC 61340、SJ/T 10694 等国际行业标准执行操作也能够有效预防静电。

从标准角度来看，电子产品生产中静电防护的主要工作有：根据生产制定控制方案；对人员进行培训；建立和完善基础设施，配备防护产品；对方案执行进行监管，并对设施和防护措施进行检验监测。

1. 静电防护的原理

静电防护的科学原理主要分为两个方面。首先是防止静电积聚，对可能产生静电的地方，需要采取措施防止静电积聚。其次是消除静电积聚，对于已经存在的静电，要迅速消除并及时释放。

静电防护工作是一项长期的系统工程，任何环节的失误或疏漏，都将导致静电防护工作的失败。生产过程中静电防护的主要措施包括静电泄漏、静电耗散、静电中和、增湿、屏蔽与接地。常见电子产品静电防护手段有以下几点。

（1）静电泄漏：这是将静电通过一定的路径引导到地线或设备上，从而消除静电的方法。例如，在电子产品生产操作过程中，人员可以通过佩戴防静电手腕带和穿防静电鞋将人体的静电释放到地面。

（2）静电耗散：这是通过使用静电耗散材料来替代普通材料，使静电被快速分散，从而达到消除静电的目的。如在防静电工作区使用防静电桌垫、防静电地板等。

（3）静电中和：这是将带相反电荷的物体放在一起，使得两个物体上的静电相互抵消，达到消除静电的效果。值得注意的是，由于接地和隔离不会释放来自合成布或传统塑料等绝缘体的电荷，所以中和非常重要。中和或消除日常工作中从绝缘体自然产生的电荷称为电离。

（4）增湿：这是通过提高环境的湿度，使空气中的水分子增多，从而降低静电的产生。增湿可以防止电子元件因静电放电而损坏。

（5）屏蔽：这是用屏蔽材料将静电场包围起来，使其无法对外产生影响。例如，可以在静电敏感器件周围设置屏蔽罩，以防止静电对器件造成损害。

（6）接地：接地是以上所有措施的基础，通过截面积符合标准的金属导线将设备接地，人员则通过佩戴防静电手环、穿防静电鞋等接地。这样可以将设备或人员的静电有效地引导到地面，从而消除静电。

① 软接地：不使用接地线的接地，使物体通过一个足够高的阻抗接往大地，以便发生触电事故时把电流限制在人身安全电流之下。

② 硬接地：使用接地线对导体材料进行接地，金属硬接地，对地电阻应小于 4Ω。

2. 静电防护用品

对于电子产品生产操作人员来说，主要的静电防护用品是防静电服和防静电手腕带（防静电手环或防静电腕带）。

（1）防静电手腕带。防静电手腕带基于静电释放，其内部接 $10^6\Omega$ 电阻与人体串联，使通过人体的电流小于 5mA；另外防静电手腕带可以降低电压，保护元器件及人体。这类静电防护用品首先可以使操作人员安全可靠接地，其次是防静电手腕带能够随时消散人体所带静电，防止静电的积累，从而防止静电对电子产品的损坏。防静电手腕带如图 1-2-2 所示。

（2）防静电帽、服、鞋。用防静电织物编织而成，可以防止头发、衣服、鞋的静电积聚，适用于对静电敏感场所。防静电帽、服、鞋如图 1-2-3 所示。

图 1-2-2　防静电手腕带　　　　　　图 1-2-3　防静电帽、服、鞋

3. 工作台和地面的静电防护

电子实训室或车间需要保持人体与大地相连，这就要求地面必须是防静电的，这样才可以将人体的静电导入大地。因此，地面可以用防静电地垫和防静电复合胶板，并用

防静电接地线接好地。电子产品工作台需要在台面上布置防静电桌垫，电子实训室或车间需要铺设防静电地胶或防静电涂层。

图 1-2-4　防静电桌垫

防静电桌垫的绿色面电阻率为 $10^7\sim10^9\Omega/m^2$，可缓慢释放静电；黑色面为导体，电阻率 $\leqslant10^6\Omega/m^2$，能很快将吸收的静电排出。接地线一端连接防静电桌垫，另一端连着大地，静电通过接地线释放到大地。防静电桌垫如图 1-2-4 所示。

存放和运输电子产品需要用防静电箱、防静电袋和防静电运输推车。其中防静电箱的箱体中添加了防静电材料，静电可以通过箱体释放，静电电压衰减，元器件就不会被静电损坏或损伤。防静电袋的要求是内层表面电阻率为 $10^5\sim10^{12}\Omega/m^2$，外层表面电阻率 $<10^{12}\Omega/m^2$，静电衰减 $<2s$。防静电运输推车要求能保护敏感器件不受到外部强静电场的影响，应由高导电性材料（建议使用不锈钢）制作，推车固定时要求硬接地。防静电箱、防静电袋和防静电运输推车如图 1-2-5 所示。

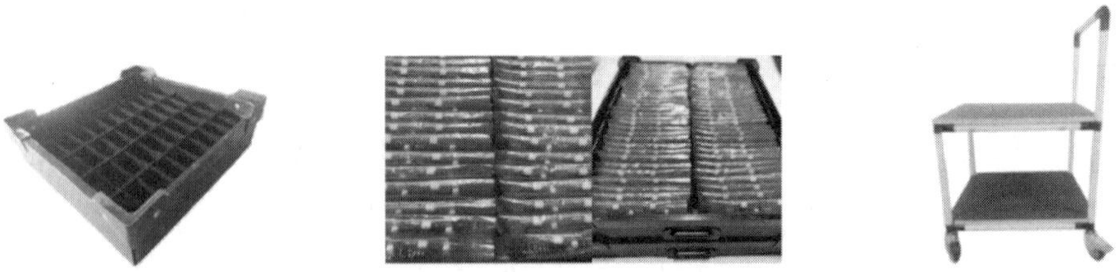

防静电箱　　　　　　　防静电袋　　　　　　防静电运输推车

图 1-2-5　防静电箱、防静电袋和防静电运输推车

（三）电子产品生产中静电检测设备

电子产品生产制造工艺中的静电检测包括对电子产品自身所带静电量的检测，还有生产环境和设备防静电重要技术指标的检测。常见的静电检测设备有人体综合测试仪、静电测量仪、表面阻抗测试仪、手腕带测试仪等。

（1）人体综合测试仪。

人体综合测试仪如图 1-2-6 所示，它具有综合测试模式和单独测试模式，可以同时测试或单独测试防静电手腕带、防静电鞋的穿戴情况，并且可以选择测试单线网带或双线网带。人体综合测试仪还具有门禁系统控制信号，能够输出信号控制门禁系统，并控制防静电场所的人员出入。

（2）静电测量仪。

静电测量仪是用于检测静电的仪器，兼有离子平衡度测试功能，如图 1-2-7 所示。静电测量仪采用了新型的非接触式表面电位传感器，能有效地检测到物体所携带的静电量，能针对电子产品和生产设备的静电量进行快速安全检测。

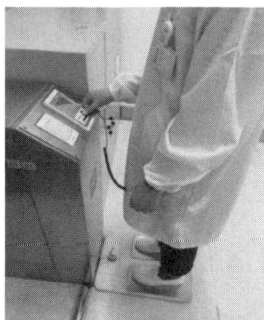

图 1-2-6　人体综合测试仪

图 1-2-7　静电测量仪

（3）表面阻抗测试仪。

表面阻抗测试仪可测量防静电材料、绝缘材料等物体的表面阻抗，如图 1-2-8 所示。表面阻抗测试仪的特点有：①测试电压自动切换；②多种测试模式均满足测试标准；③数据在 LCD（液晶显示器）上显示，更加直观；④放置于被测物体表面可测试物体表面阻抗。

（4）手腕带测试仪。

手腕带测试仪是用于检测防静电手腕带佩戴和接地是否达到静电防护技术标准的设备，如图 1-2-9 所示。手腕带测试仪的功能有：①可以在任何地点检测各种接地系统的状态；②确保工作人员人身安全；③排除因静电而导致产品损坏的可能性；④如果接地系统安全，绿色灯亮且发出蜂鸣声。

图 1-2-8　表面阻抗测试仪

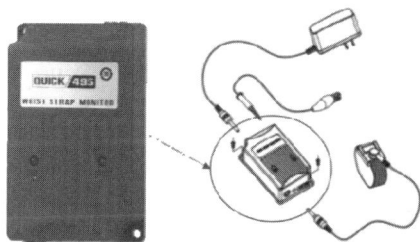

图 1-2-9　手腕带测试仪

（四）电子产品生产中静电消除设备

对于电子产品生产制造过程中可能产生的静电，必须在生产线上利用静电消除设备及时消除。静电消除设备有：静电消除器、离子风枪、离子风棒、离子风嘴、静电除尘机、板面除尘机等。其中，静电消除器较为常见。静电消除器是通过向物体吹送带有正电荷及负电荷的离子风来中和其带电状态的一种装置，如图 1-2-10 所示。

静电消除器可以消除产品上所带但又不能对地释放的静电，保护产品不被静电损伤。静电消除器可广泛应用于印制电路板（PCB）拆包装工序，高敏感器件安装工序，以及其他器件的绝缘

图 1-2-10　静电消除器

包装、转运和存放等工序。

技能训练

（一）训练内容

静电放电（Electrostatic Discharge，ESD）管控，包括静电防护技能和工作实训场所的静电管理。

（二）训练器材

工具、仪器、材料见表1-2-1。

表1-2-1　工具、仪器、材料

工具、仪器	材料
静电防护用品	防静电帽、防静电服、防静电鞋、防静电手腕带等
静电检测设备	
静电消除设备	

（三）训练步骤

1. 防静电用品穿戴训练

静电防护用品准备：防静电帽、防静电服、防静电鞋、防静电手腕带等。

完成以下防护用品的穿戴，由每个实训小组组长对照穿戴标准对组员实训情况进行评价，并记入表1-2-2中。

表1-2-2　静电防护用品穿戴记录表

穿戴步骤	内容	穿戴要求	完成度评价
1	穿防静电服	衣服纽扣全部扣好	
2	戴防静电帽	头发要全部挽进帽子内	
3	换防静电鞋或防静电鞋套	防静电鞋套要求导电条要与脚部皮肤接触紧密	
4	戴防静电手腕带	防静电手腕带须与手腕紧密贴合。人员工作过程中防静电手腕带接地，将人体所带静电通过防静电手腕带缓慢释放到大地	

2. 静电防护环境管理检查训练

对照如图1-2-11所示的ESD管控检查标准，进行人员、设备、物料、方法、环境五方面的核查，并由实训小组组长评价任务完成度，记入表1-2-3中。

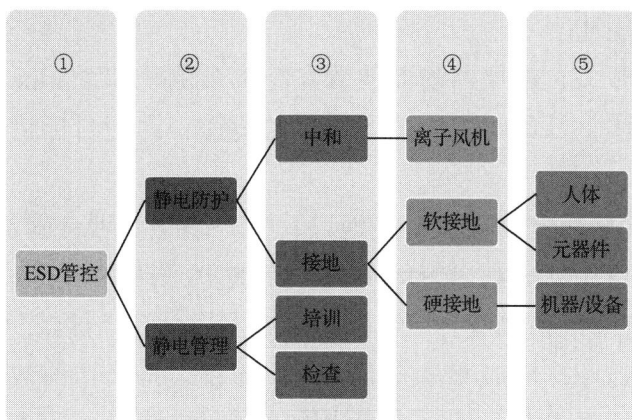

图 1-2-11　ESD 管控

表 1-2-3　静电防护环境管理检查记录表

检查步骤	内容	检查标准	完成度评价
1	人员	防静电服、鞋、帽，防静电手腕带的穿戴，工作过程中防静电手腕带接地	
2	设备	日常点检，维护保养。仪器要求使用时接地；货架铺设防静电地垫且防静电地垫接地	
3	物料	用防静电袋、盒、箱，放置于防静电的货架上，流转过程中用防静电运输推车	
4	方法	创建 ESD 安全环境，保护敏感器件	
5	环境	各工作场景张贴防静电 ESD 标识、6S 管理标语，进行车间温湿度管控	

3. 静电测量方法训练

（1）人体综合测试仪用法。

使用人体综合测试仪测试人体对地电阻值，判定所穿戴的防静电装备是否符合进入实训室标准，实训步骤如下。

① 工作人员穿戴好防静电用品后，双脚站立在测试踏板上。

② 将防静电手腕带的一端插入手腕带测试孔内，另一只手按在测试按键上，此时工作人员刷卡，门禁打开。

③ 人体综合测试仪上显示手和脚的阻抗，若屏幕状态呈绿色表示测试通过，工作人员可进入实训室。

按照以上步骤使用人体综合测试仪完成防静电装备穿戴标准的测量，记入表 1-2-4 中。

表 1-2-4　人体综合测试仪测量防静电装备穿戴检查记录表

实训序号	人体综合测试仪测试记录	是否符合进入实训室标准
1		
2		

（2）静电测量仪用法。

打开静电测量仪开关，将仪器前端放置在距离被测物体 25mm 处，使仪器发出的十字形标记落在被测物体上。此时，屏幕所显示的电压，即为目标物体表面所存在的静电电压。实训步骤如下。

① 将接地线一端接静电测量仪的接地口，另一端接实训台固定地线连接处。

② 长按电源键，打开电源，选择工作模式二进入测量界面。

③ 将静电测量仪对准被测物体，当被测物体上显示清晰的红色十字时，表示当前仪器与被测物体的距离适中，同时测量界面出现测量值，即为当前被测物体所带静电量。

按照以上步骤使用静电测量仪完成待测物体的静电测量，记入表 1-2-5 中。

表 1-2-5　静电测量仪测量物体静电量记录表

实训序号	测量静电量/V	是否在安全静电量范围内
1		
2		
3		
4		

（3）表面阻抗测试仪测量实训工作台面的表面阻抗。

表面阻抗测试仪操作步骤如下。

① 将重锤取出，放置在被测物体上，重锤的距离表示所测试的范围。

② 用连接线将重锤与底座连接起来。

③ 将测试仪器放置在底座上，打开电源。

④ 按红色测量键后设备开始测试，此时 LCD 显示数值为当前所测物体的表面电阻。

按照以上步骤使用表面阻抗测试仪测量实训工作台面的表面阻抗，记入表 1-2-6 中。

表 1-2-6　表面阻抗测试仪测量实训工作台面的表面阻抗记录表

实训序号	实训工作台面表面阻抗/Ω	是否满足静电防护要求
1		
2		
3		
4		

（4）手腕带测试仪检测防静电手腕带接地性能。

手腕带测试仪操作步骤如下。

① 将手腕带测试仪通上电源，良好接地。

② 将防静电手腕带正确戴在手腕上，另一端插入手腕带测试仪插孔内。

③ 打开手腕带测试仪的开关，当测试仪上显示绿灯时表示防静电手腕带测试合格，当测试仪上显示红灯且报警时表示测试不合格，需排查故障。

按照以上步骤使用手腕带测试仪检测防静电手腕带接地性能，记入表 1-2-7 中。

表1-2-7　手腕带测试仪检测防静电手腕带接地性能记录表

实训序号	手腕带测试仪测量状态	是否满足静电防护要求
1		
2		

4. 静电消除方法训练

静电消除器操作步骤如下。

（1）将静电消除器连接电源，并将仪器接地。

（2）打开电源开关，对准静电测量仪所测试的被测物体。

（3）当静电测量仪上所测试的静电归零时，表示静电消除器已将被测物体上所带的静电消除。

按照以上步骤使用静电消除器消除物体所带静电，并用静电测量仪判断静电消除效果，记入表1-2-8中。

表1-2-8　静电消除器消除物体所带静电记录表

实训序号	原来物体所带静电量/V	静电消除器使用后所带静电量/V
1		
2		
3		
4		

（四）知识拓展

新时代中国静电防护技术的发展

我国从20世纪60年代末开始开展了一些静电研究工作，自20世纪80年代起，我国的静电研究发展极为迅速，1981年，中国物理学会静电专业委员会成立，并举办了第一次全国静电学术会议。此后，全国性和各地方性的静电学术会议不断举办，静电研究和应用的范围也越来越广，科研队伍不断壮大。

2023年2月22日，全国静电标准化技术委员会成立大会暨第一次全体委员会议在北京召开。会议指出，静电标准化工作意义重大，新时期的重大战略部署和新一代信息技术的发展，对静电标准体系的建设提出新要求。守牢安全底线，需要静电标准化担当作为。静电标委会是静电标准化的国家队，具有责无旁贷的历史使命和责任。要建立健全标委会规章制度，加强静电标准体系建设，推动国内外标准协同发展。要深入学习宣传贯彻党的二十大精神，全面实施《国家标准化发展纲要》，加快推动静电标准化发展，涵养我国静电产业生态，为新时代推动高质量发展、全面建设社会主义现代化国家贡献标准化力量。

与会代表指出，要充分认识标委会肩负的重要责任和使命，着力解决目前在静电标准化工作方面暴露出的问题。要突出重点，做好今后一段时期静电标准化工作。一是加强顶层设计和标准体系研究，二是技术驱动和需求牵引相结合开展标准研制工作，三是建立健全静电标委会运行机制，四是抓好标准宣贯和实施推广，五是实质性参与国际标准化工作。

全国静电标准化技术委员会的成立，是我国静电标准化发展进程中的一个重要里程碑。静电标委会将加快推动静电标准化发展，为建设"制造强国"和"高质量发展"保驾护航，为我国静电标准化工作书写新的篇章。

（五）技能评价

静电防护技能训练评价详见"工作活页"。

时代剪影

节能减排的中国行动——世界首个特高压多端混合直流输电工程

昆柳龙工程是世界上容量最大的特高压多端直流输电工程、世界首个特高压多端混合直流输电工程、首个具备架空线路直流故障自清除能力的柔性直流输电工程，凭借这一工程中国真正步入世界柔性直流输电技术引领者的行列。

柔性直流输电技术是继交流、常规直流之后，目前世界上可控性最高、适应性最好的输电技术，也是构建未来电力供应系统的重要手段。柔性直流输电指的是基于电压源换流器的高压直流输电，起源于 20 世纪 90 年代末，它将半控型电力电子器件升级为全控型电力电子器件，具有响应速度快、可控性好、运行方式灵活、可向无源网络供电、不会出现换相失败及易于构成多端直流系统等优点。柔性直流可以形象地比喻为电网中的可控"水坝"，兼容并蓄地精准控制电能潮流的方向和大小。

昆柳龙工程创造了 19 项电力技术的世界第一。该工程设计额定电压±800 千伏，工程投产后新增 800 万千瓦的通道送电能力，相当于减少标煤消耗约 1000 万吨，减排二氧化碳 2660 万吨，能有效解决中长期云南水电消纳问题，有效促进节能减排和大气污染防治，为满足"十四五"和后续粤港澳大湾区经济发展用电需求奠定坚实基础。

常用电子元器件识别和检测

随着时代进步和社会发展，各种家用电子产品不断进入日常生活中，使生活更加精彩。可以说，如果没有这些"电子助手"，我们的生活质量将大幅下降。

电子产品都由各种各样的电子元器件构成，不同的电子元器件，不同的组合，构成了不同的电子产品。在电子技术实训中，如果不了解电子元器件的用途和性能，就无法完成实训任务。所以，学习和掌握常用电子元器件的用途、性能，以及质量的检测、判别技能，对于在电子实训中提高实训电路装配质量和可靠性有着至关重要的作用。

知识目标

1. 掌握数字式万用表的性能、使用及维护方法；
2. 掌握电阻器、电容器和电感器等常用电子元器件的分类、命名和用途；
3. 掌握常用半导体器件的分类、命名和用途。

技能目标

1. 掌握电阻器、电容器和电感器等常用电子元器件的识别和检测技能；
2. 掌握常用半导体器件的识别和检测技能。

任务知识网络

任务一 数字式万用表的使用

一、学习目标

1. 了解 UT33B 型数字式万用表的外观结构、主要特点和使用注意事项；
2. 掌握数字式万用表的使用方法。

二、工作任务

UT33B 型数字式万用表的使用方法训练。

三、实践操作

基础知识

（一）UT33B 型数字式万用表的外观结构、主要特点和使用注意事项

数字式万用表由于应用了大规模集成电路，使得操作变得更简便，读数更精确，而且还具备较完善的过压、过流等保护功能。数字式万用表的型号众多，但使用方法基本相同，现以 UT33B 型数字式万用表为例介绍数字式万用表的使用。如图 2-1-1 所示为 UT33B 型数字式万用表。

1. UT33B 型数字式万用表的外观结构

如图 2-1-2 所示为 UT33B 型数字式万用表的外观结构。UT33B 型数字式万用表面板各旋钮的名称、作用和使用方法如表 2-1-1 所示。

图 2-1-1　UT33B 型数字式万用表　　　　图 2-1-2　UT33B 型数字式万用表的外观结构

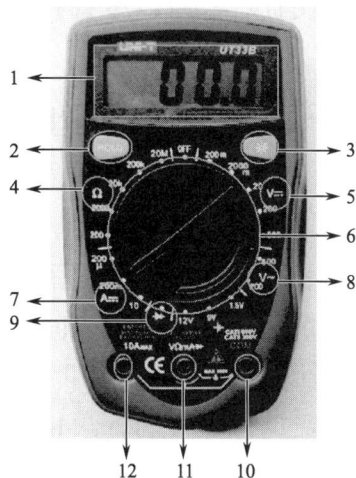

表 2-1-1　UT33B 型数字式万用表面板各旋钮的名称、作用和使用方法

序号	名称	作用和使用方法
1	显示屏	用于显示被测量值，最大显示 1999 或-1999，有自动调零及极性自动显示功能
2	HOLD 按钮	保持测量值按钮。按下此按钮即可将测量值保持，再按一下又即刻进入测量状态
3	*按钮	可进行背光控制，按下蓝色按钮即点亮显示屏的背光灯，再按一下则关闭背光灯
4	Ω 电阻挡	将量程开关置于电阻挡的不同挡位时，便可测量相应的电阻值
5	V-直流电压挡	用于测量直流电压。将量程开关置于该挡的不同挡位时，便可测量相应量程的直流电压
6	功能量程开关	选择不同的测量功能
7	A-直流电流挡	用于测量直流电流。将量程开关置于该挡的不同挡位时，便可测量相应量程的直流电流
8	V~交流电压挡	用于测量交流电压。将量程开关置于该挡的不同挡位时，便可测量相应量程的交流电压
9	晶体二极管及蜂鸣器挡	将量程开关置于晶体二极管及蜂鸣器挡位时，就可以测量晶体二极管的正向电压（电压单位为 mV）或作通断路检测（UT33B 无蜂鸣器）
10	COM 插孔	测量电压、直流电流和电阻时将黑表笔插入 COM 插孔
11	VΩmA 插孔	测量电压、直流电流和电阻时将红表笔插入此插孔
12	10A 插孔	测量 0.2A 以上、10A 以下电流时，将红表笔插入此插孔，同时将黑表笔插入 COM 插孔

2. UT33B 型数字式万用表的主要特点

UT33B 型数字式万用表是一种功能齐全、性能稳定、结构新颖、安全可靠的小型手持式测量工具；主要由 CMOS 集成电路构成，具有双积分原理 A/D 转换、自动校零、自动极性选择、超量程指示等功能，还具有背光功能，可以获得最佳观察效果；可用于测量交流电压、直流电压、直流电流、电阻、二极管正向压降等。但其不足之处是不能反映被测量对象的连续变化及变化的趋势，如用来观察电容器的充、放电过程，就不如

指针式万用表方便直观。所以尽管数字式万用表具有许多优点，但它不能完全取代指针式万用表。

3. UT33B型数字式万用表的使用注意事项

（1）使用前应检查表笔绝缘层是否完好，应无破损及断线。如发现表笔线或仪表壳体的绝缘已明显损坏，应停止使用。

（2）在使用表笔时，操作者的手指必须放在表笔手指保护环之后。

（3）不要在仪表终端及接地之间施加500V以上的电压，以防止电击和损坏仪表。

（4）被测电压高于直流60V和交流42V时，应小心谨慎，防止触电。

（5）仪表后盖没有盖好前，禁止使用仪表，否则有电击的危险。

（6）被测信号不允许超过规定的极限值，以防止电击和损坏仪表。

（7）严禁在测量中改变量程开关挡位，以防止损坏仪表。

（8）不要使用电流测试端或电流挡去测试电压。

（9）必须用同类标称规格的快速反应熔断器更换已坏熔断器。

（10）当显示屏上显示"⊟⊞"符号时，应及时更换电池，以确保测量精度。

（11）不要在高温、高湿和强电磁场环境中使用仪表，尤其不要在潮湿环境中存放仪表，受潮后，仪表性能可能会变差。

（二）数字式万用表的基本使用方法

由于各型号数字式万用表的使用方法基本相同，所以，现以UT33B型数字式万用表为例说明数字式万用表的使用方法。

1. 交流电压挡的操作方法

（1）将红表笔插入"VΩmA"插孔，黑表笔插入"COM"插孔。

（2）将功能量程开关置于合适的交流电压挡位，并将表笔并联到待测电源或负载上。

（3）从显示屏上读取测量结果。

如图2-1-3所示为UT33B型数字式万用表交流电压挡的操作方法。

2. 直流电压挡的操作方法

（1）将红表笔插入"VΩmA"插孔，黑表笔插入"COM"插孔。

（2）将功能量程开关置于合适的直流电压挡位，并将表笔并联到待测电源或负载上。

（3）从显示屏上读取测量结果。

需要注意的是，在测量交流电压或直流电压时，不要测量高于500V的电压，虽然有可能显示数值，但会损坏数字式万用表内部电路，还有可能造成电击。测量前在不知道被测量电压值的范围时，应将功能量程开关置于高量程挡位，根据读数需要逐步调低测量挡位。

当显示屏上显示"1"时，说明此时测量值已超过量程，需要调高量程。

如图2-1-4所示为UT33B型数字式万用表直流电压挡的操作方法。

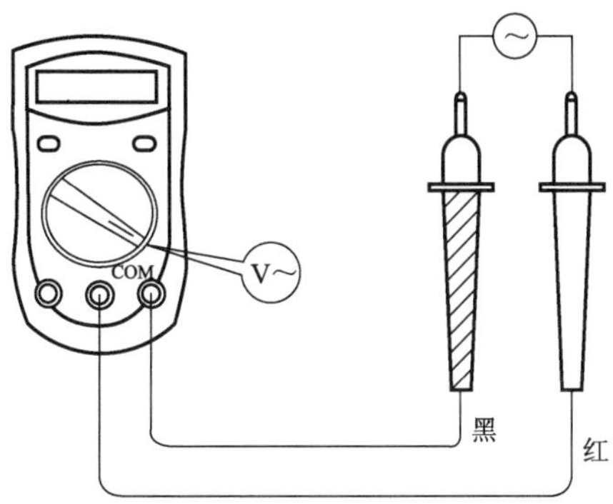

图 2-1-3　UT33B 型数字式万用表
交流电压挡的操作方法

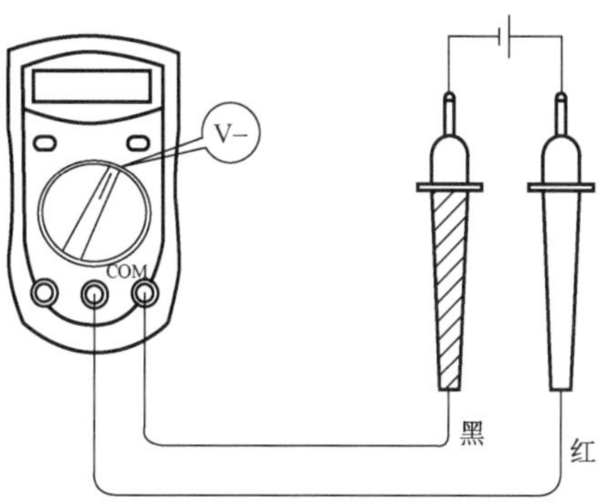

图 2-1-4　UT33B 型数字式万用表
直流电压挡的操作方法

3. 直流电流挡的操作方法

（1）将红表笔插入"VΩmA"或"10A"插孔，黑表笔插入"COM"插孔。

（2）将功能量程开关置于合适的直流电流挡位，并将表笔串联到待测电源或电路中。

（3）从显示屏上读取测量结果。

需要注意的是，UT33B 型数字式万用表对 200mA 及以下电流的测量虽已设置了过压保护，但当输入端与地之间的电压超过安全电压 60V 时，不能尝试进行直流电流的测量，以避免数字式万用表损坏和可能造成的电击。在测量前一定要切断被测电源，要认真检查输入端及功能量程开关位置是否正确，确认无误后，才可通电测量。测量前如果不知被测电流值的范围，应将功能量程开关置于高量程挡位，根据读数需要逐步调低挡位。

如图 2-1-5 所示为 UT33B 型数字式万用表直流电流挡的操作方法。

4. 晶体二极管挡的操作方法

（1）将红表笔插入"VΩmA"插孔，黑表笔插入"COM"插孔。

（2）将功能量程开关置于晶体二极管测量挡位，并将红表笔连接到被测晶体二极管的正极，黑表笔连接到被测晶体二极管负极。

（3）从显示屏上读取测量结果。

晶体二极管挡所测量的值为晶体二极管的正向偏置电压，单位为 mV。正常的硅晶体二极管正向偏置电压的读数范围约为 500～800mV。为了避免数字式万用表损坏，在测试晶体二极管前，应先确认电路已被切断电源，电容也已被放完电。晶体二极管挡也可以测量其他半导体器件 PN 结的正向偏置电压。

如果将数字式万用表黑表笔接晶体二极管正极，红表笔接晶体二极管负极，此时晶体二极管处于反向偏置状态，数字式万用表显示"1"。

如图 2-1-6 所示为 UT33B 型数字式万用表晶体二极管挡的操作方法。

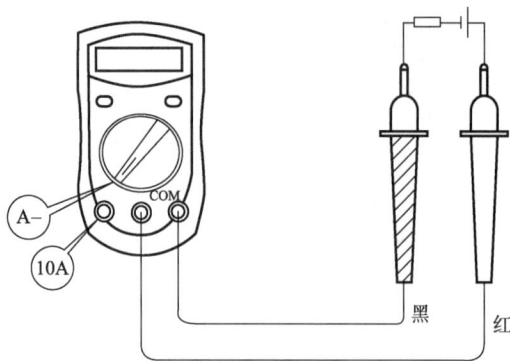

图 2-1-5　UT33B 型数字式万用表
直流电流挡的操作方法

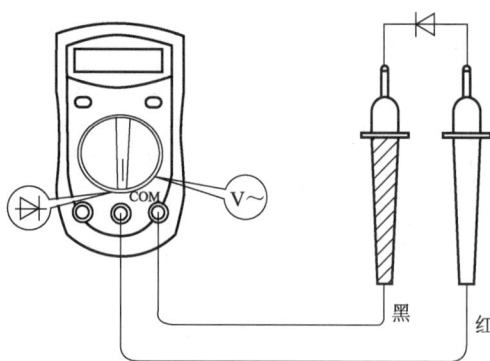

图 2-1-6　UT33B 型数字式万用表
晶体二极管挡的操作方法

5. 电阻挡的操作方法

（1）将红表笔插入"VΩmA"插孔，黑表笔插入"COM"插孔。

（2）将功能量程开关置于合适的电阻测量挡位，并将表笔并联到待测电阻上。

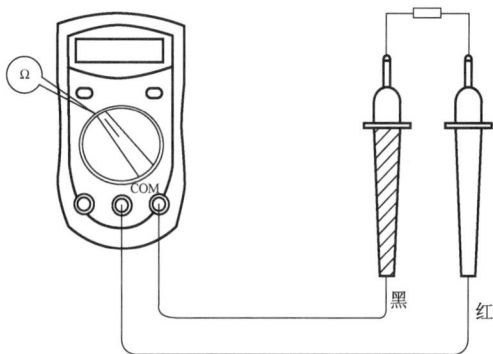

图 2-1-7　UT33B 型数字式万用表电阻挡
的操作方法

（3）从显示屏上读取测量结果。

需要注意的是，为了避免数字式万用表受损，在检测电阻前，必须确认电路已关掉电源，且电容也已放完电。在 200Ω 挡测量时，测试表笔引线会带来 0.1～0.3Ω 的电阻测量误差，为了获得精确读数，可以将读数减去红、黑两支表笔短路的读数值，作为最终的读数值。在被测电阻值大于 1MΩ 时，仪表需要数秒后方能稳定读数，这属于正常现象。

如图 2-1-7 所示为 UT33B 型数字式万用表电阻挡的操作方法。

技能训练

（一）训练内容

数字式万用表的使用技能。

（二）训练器材

工具、仪器、材料如表 2-1-2 所示。

表 2-1-2　工具、仪器、材料

工具、仪器	材料
数字式万用表一台	5 号干电池一节
	功率电阻若干只

工具、仪器	材料
	1N4007、1N4002 和 1N4148 各一只
	连接导线若干

（三）训练步骤

1. 交流电压数值的测量

测量工频交流电压的数值，记入表 2-1-3 中。

2. 直流电压数值的测量

测量 1.5V 干电池的直流电压数值，记入表 2-1-3 中。

表 2-1-3　交流、直流电压数值的记录表

测量对象	测量数值
工频交流电压	
1.5V 干电池的直流电压	

3. 直流电流数值的测量

分别在 1.5V 的干电池电路中，串入数值不同的功率电阻一只，测量各自的直流电流数值，记入表 2-1-4 中。

表 2-1-4　直流电流数值记录表

电路中串联接入电阻的数值	测量数值
100Ω	
200Ω	
1kΩ	

4. 晶体二极管正向电压的测量

分别测量判别 1N4007、1N4002 和 1N4148 正向电压值，记入表 2-1-5 中。

表 2-1-5　晶体二极管正向电压数值记录表

序号	型号	正向电压数值
1	1N4007	
2	1N4002	
3	1N4148	

5. 电阻器阻值的测量

分别测量 4 个功率电阻的阻值，记入表 2-1-6 中。

表 2-1-6　电阻器阻值记录表

序号	标称阻值	实测阻值
1	10Ω	
2	470Ω	
3	20kΩ	
4	47kΩ	

（四）知识拓展

数字式万用表结构简介

数字式万用表由数字电压表（简称 DVM）配上各种变换器构成，因而具有交流电压、直流电压、交流电流、直流电流、电阻和电容等各种测量功能。

如图 2-1-8 所示为 DT832 型数字式万用表的电路板。

图 2-1-8　DT832 型数字式万用表的电路板

如图 2-1-9 所示为数字式万用表的结构框图。它由两大部分组成，即输入与变换部分和 A/D 转换器电路与显示部分。输入与变换部分主要通过电流-电压转换器（I/V）、交流-直流电压转换器（V~/V—）、电阻-电压转换器（R/V）、电容-电压转换器（C/V）将各测试量转换成直流电压量，再通过量程选择开关，经放大或衰减电路送入 A/D 转换器后进行测量。A/D 转换器电路与显示部分的构成与直流数字电压表的电路相同。所以数字式万用表是以直流数字电压表作为基本表，配接与之呈线性变换的直流电压、直流电流，交流电压、交流电流，欧姆、电容变换器，即能将各自对应的电参量准确地用数字显示出来。

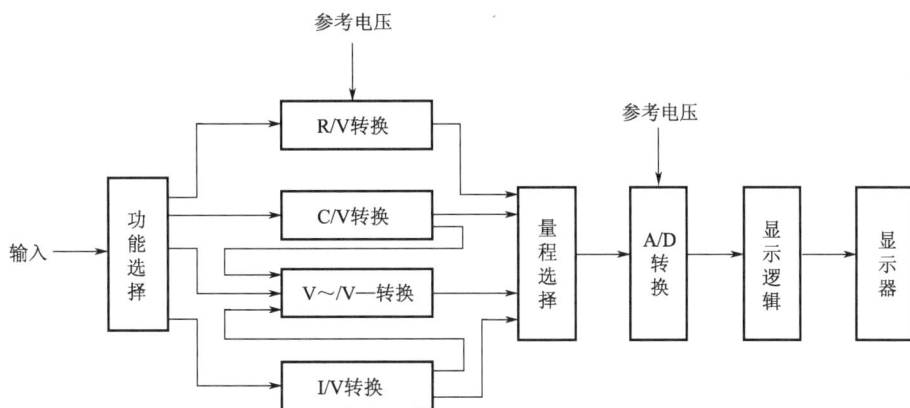

图 2-1-9　数字式万用表的结构框图

（五）技能评价

UT33B 型数字式万用表的使用技能评价详见"工作活页"。

任务二　电阻器、电容器和电感器的使用

一、学习目标

1．掌握电阻器、电容器和电感器等常用电子元器件的作用、分类和标示；
2．掌握电阻器、电容器和电感器等常用电子元器件的使用方法。

二、工作任务

电阻器、电容器和电感器的使用方法训练。

三、实践操作

基础知识

（一）电阻器、电容器和电感器的作用、分类与标示

1．电阻器

1）概述

电阻是用来表示导体对电流的阻碍作用的物理量，与导体的尺寸、材料、使用环境温度有关，通常缩写为 R。电阻的基本单位是欧姆，用希腊字母"Ω"来表示。电阻器简称电阻，是电气、电子设备中使用最多的基本元件之一，主要用于控制和调节电路中的电流和电压，或用作消耗电能的负载。

2）参数

电阻器的主要参数有标称阻值、允许误差和额定功率。

电阻器的标称阻值是指在电阻器表面所标的阻值。实际阻值与标称阻值之间允许的最大误差范围称为允许误差，也称为阻值误差，一般用标称阻值与实际阻值之差除以标称阻值所得的百分数表示。通用电阻器允许误差分为 3 个等级。通用电阻器的标称阻值系列如表 2-2-1 所示。

表 2-2-1　通用电阻器的标称阻值系列

系列	允许误差	电阻器标称阻值系列
E24	Ⅰ 级±5%	1.0；1.1；1.2；1.3；1.5；1.6；1.8；2.0；2.2；2.4；2.7；3.0；3.3；3.6；3.9；4.3；4.7；5.1；5.6；6.2；6.8；7.5；8.2；9.1
E12	Ⅱ 级±10%	1.0；1.2；1.5；1.8；2.2；2.7；3.3；3.9；4.7；5.6；6.8；8.2
E6	Ⅲ 级±20%	1.0；1.5；2.2；3.3；4.7；6.8

电阻器的标称阻值应为表 2-2-1 中所列数值的 10^n 倍，其中 n 为正整数、负整数或零。

电阻器的额定功率是指电阻器在直流或交流电路中，长期连续工作所允许消耗的最大功率。

3）分类

电阻器有不同的分类方法。按材料分，有碳膜电阻器、水泥电阻器、金属膜电阻器和线绕电阻器等不同类型；按功率分，有 1/16W、1/8W、1/4W、1/2W、1W、2W 等额定功率的电阻器；按电阻值的精确度分，有精确度为±5%、±10%、±20%等的普通电阻器，还有精确度为±0.1%、±0.2%、±0.5%、±1%和±2%等的精密电阻器。电阻器的类别可以通过外观的标记识别。

电阻器的种类有很多，通常分为三大类：固定电阻器、可变电阻器、特种电阻器。在电子产品中，以固定电阻器应用最多。而固定电阻器以其制造材料又可分为很多类，既常用又常见的有碳膜电阻器、金属膜电阻器、线绕电阻器，还有近年来开始广泛应用的片状电阻器。

（1）固定电阻器。

电路符号：R

电路图形符号：——▭——

如图 2-2-1 所示为金属膜电阻器。

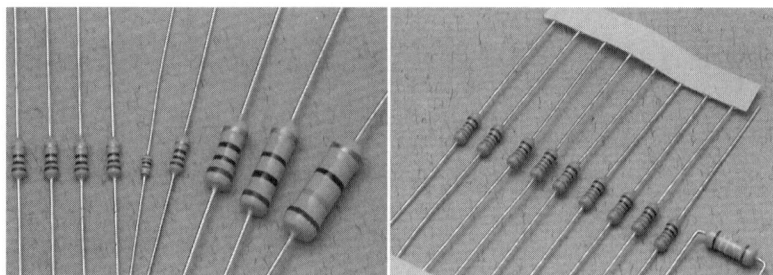

图 2-2-1　金属膜电阻器

（2）可变电阻器。

电路符号：RP（RW）

电路图形符号：

可变电阻器一般称为电位器，从形状上可分为圆柱形、长方体形等多种形状；从结构上可分为直滑式、旋转式、带开关式、带紧锁装置式、多连式、多圈式、微调式和无接触式等多种形式；从材料上可分为碳膜、合成膜、有机导电体、金属玻璃釉和合金电阻丝等多种电阻体材料。碳膜电位器是较常用的一种。电位器在旋转时，其相应的阻值依旋转角度而变化。

电路中进行一般调节时，采用价格低廉的碳膜电位器，如图 2-2-2 所示；在进行精确调节时，宜采用多圈绕线电位器或精密电位器，如图 2-2-3 所示。

图 2-2-2　碳膜电位器

图 2-2-3　多圈绕线电位器

（3）特种电阻器。

特种电阻器的种类较多，电路中最为常用的有光敏电阻器和热敏电阻器。

① 光敏电阻器。

电路符号：R

电路图形符号：

光敏电阻器是一种电阻值随外界光照强弱（明暗）变化而变化的元件，光越强，阻值越小；光越弱，阻值越大。如图 2-2-4 所示为光敏电阻器。

② 热敏电阻器。

电路符号：RT

电路图形符号：

热敏电阻器是利用半导体材料的热敏特性工作的电阻器，是最灵敏的感温元件。它由对温度变化极为敏感的半导体材料制成，其阻值随温度变化会发生极明显的变化。如图 2-2-5 为 NTC 型热敏电阻器。

4）标示

（1）电阻器型号命名方法。

电阻器型号命名很有规律，第一个字母 R 代表电阻。第二个字母的意义是：T——碳膜，J——金属，X——线绕，这些符号是汉语拼音的第一个字母。电阻器当然也有功率之分。常见的是 1/8W 的色环碳膜电阻，它是电子产品和电子制作中用得最多的。当然在一些微型产品中，会用到 1/16W 的电阻，再者就是微型片状电阻，它是贴片元件家族的一员。

图 2-2-4　光敏电阻器　　　　图 2-2-5　NTC 型热敏电阻器

根据国家标准 GB/T 2470—1995《电子设备用固定电阻器、固定电容器型号命名方法》的规定，电阻器的型号由以下 4 部分组成（详见拓展资源的附录 D）。

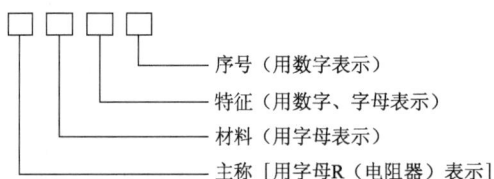

序号（用数字表示）
特征（用数字、字母表示）
材料（用字母表示）
主称［用字母R（电阻器）表示］

例如：RJ71-0.25-4.7kΩ±5%　精密金属膜电阻器，阻值为 4.7kΩ，额定功率为 0.25W，允许误差为±5%。

（2）电阻器的标称阻值和允许误差的标注方法。

电阻器的标称阻值和允许误差的标注方法有直标法、文字符号法和色标法。

① 直标法。

将电阻器的标称阻值和允许误差直接用数字和字母印在电阻器上（无误差标示为允许误差 ±20%），如 4.7kΩ±10%。

② 文字符号法。

电阻器的标称阻值单位用文字符号 Ω（欧姆）、k（千欧）、M（兆欧）表示，标称阻值的整数部分写在单位标记符号的前面，标称阻值的小数部分写在单位标记符号的后面，允许误差用文字符号 D（±0.5%）、F（±1%）、G（±2%）、J（±5%）、K（±10%）、M（±20%）表示，如 3Ω3 J 表示标称阻值为 3.3Ω、允许误差为±5%；1k8 M 表示标称阻值为 1.8kΩ、允许误差为±20%；5M1 K 表示标称阻值为 5.1MΩ、允许误差为±10%。

③ 色标法。

将不同颜色的色环涂在电阻器（或电容器）上来表示电阻器（电容器）的标称阻值及允许误差，各种颜色所对应的数值如表 2-2-2 所示。

色标法分为两种：a. 四色环的色标法。普通电阻器用四色环表示标称阻值和允许误差，从左至右第一条、第二条色环表示阻值，第三条色环表示倍率数，最后一条色环表示允许误差（一般为金色或银色），如图 2-2-6（a）所示。b. 五色环的色标法。精密电阻器用五色环表示标称阻值和允许误差，从左至右第一条～第三条色环表示阻值，第四条色环表示倍率数，最后一条色环表示允许误差，如图 2-2-6（b）所示。

表 2-2-2　电阻器色标符号意义

颜色	有效数字第一位数	有效数字第二位数	倍率数	允许误差	
棕	1	1	10^1	±1%	F
红	2	2	10^2	±2%	G
橙	3	3	10^3	—	
黄	4	4	10^4		
绿	5	5	10^5	±0.5%	D
蓝	6	6	10^6	±0.2%	C
紫	7	7	10^7	±0.1%	B
灰	8	8	10^8	—	
白	9	9	10^9		
黑	0	0	10^0		
金	—	—	10^{-1}	±5%	J
银	—	—	10^{-2}	±10%	K
无色	—	—	—	±20%	M

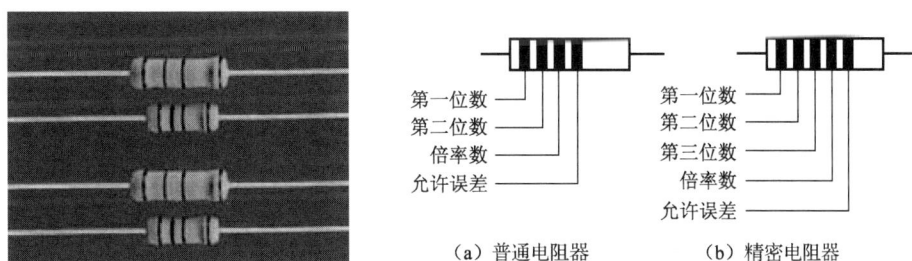

（a）普通电阻器　　（b）精密电阻器

图 2-2-6　固定电阻器色环标志读数规则

（3）电阻器额定功率的标示。

电阻器额定功率的标示方法有两种：2W 以上的电阻，直接用数字印在电阻器上；2W 以下的电阻，以自身体积大小来表示功率。功率电阻器实物及功率符号如图 2-2-7 所示。

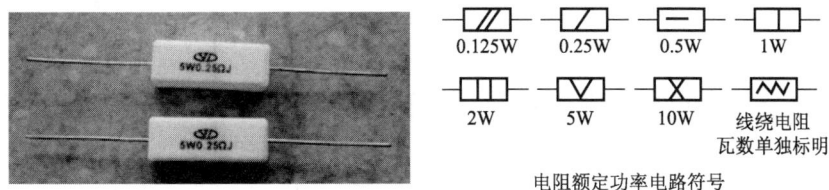

电阻额定功率电路符号

图 2-2-7　功率电阻器实物及功率符号

2. 电容器

1）概述

电容器简称电容，用字母 C 表示。顾名思义，电容器就是"储存电荷的容器"。两片相距很近的金属中间被某绝缘物质（固体、气体或液体）所隔开，就构成了电容器。两片金属称为极板，中间的物质称为介质。电容器分为容量固定电容和容量可变电容，常见的是容量固定电容，最多见的是电解电容和瓷片电容，如图 2-2-8 所示。在电子电路中电容器具有耦合、旁路、滤波等功能，电容器可以让交流电通过却会阻隔直流电，且电容器可以用来存储和释放电荷以充当滤波器，平滑输出脉动信号，这些都是利用了电容器"通交流，隔直流"的特性。

图 2-2-8　常见的电容器

不同的电容器储存电荷的能力也不同。规定把电容器外加 1V 直流电压时所储存的电荷量称为该电容器的电容量。电容的基本单位为法[拉]（F）。但实际上，法[拉]是一个很不常用的单位，因为电容器的容量往往比 1F 小得多，常用的电容单位有微法（μF）、纳法（nF）和皮法（又称微微法）（pF）等，它们的关系如下。

$$1\mu F（微法）=10^{-6}F$$
$$1nF（纳法）=10^{-9}F$$
$$1pF（皮法）=10^{-12}F$$

2）参数

电容器的主要参数有标称容量、允许误差、额定电压和击穿电压。

标称容量是电容器制造商指定的电容器容量值，通常以微法（μF）、纳法（nF）和皮法（pF）为单位。标称容量是电容器在标准测试条件下的理论容量值。

允许误差是指电容器容量可能偏离标称容量的最大百分比。由于制造过程中的公差，实际电容器的容量可能与标称容量有所偏差。电容器的误差可能由多种因素引起，如材料特性、制造工艺、温度变化等。在对容量精度要求较高的应用中，选择具有较小误差的电容器是很重要的。

额定电压是指在规定的工作温度范围内，电容器能够长期稳定工作的最高直流电压有效值，也叫作电容器的直流工作电压。它通常直接标注在电容器外壳上。如果电容器用在交流电路中，所加的交流电压最高不能超过电容器的直流工作电压值。

击穿电压是指当电容器内部介质被电场穿透时，电容器的两个电极之间出现放电的电压，它是电容器的极限电压，超过这个电压，电容器内的介质将被击穿。通常情况下，击穿电压是额定电压的 1.3 倍到 2 倍。

在使用电容器时，为了确保安全和电容器的可靠性，建议按照额定电压的 70%降额使用。如果电容器两端电压超过额定电压但未达到击穿电压，可能会导致电容器寿命缩短和损耗增加等问题。

3）分类

电子电路中常用电容器有固定电容器、微调电容器和可变电容器。

（1）固定电容器。

电路符号：C

电路图形符号：⊣⊢　⊣⊩

① 陶瓷电容器。

陶瓷电容器是用高介电常数的陶瓷（钛酸钡—氧化钛）挤压成圆管、圆片或圆盘作为介质，并用烧渗法将银镀在陶瓷上作为电极制成的，如图 2-2-9（a）所示。它又分高频瓷介和低频瓷介两种。

高频瓷介电容器适用于无线电、电子设备的高频电路，在高稳定振荡回路中，作为回路电容器及垫整电容器。低频瓷介电容器在工作频率较低的回路中作旁路或隔直流用，或用于对稳定性和损耗要求不高的场合（包括高频在内）。

② 云母电容器。

云母电容器采用云母片作为介质，以金属箔片作为电极。云母电容器就结构而言，可分为箔片式和被银式。云母电容器广泛应用在高频电路中，并可用作标准电容器。

云母电容器的容量一般较小，但绝缘电阻高，介质损耗小，耐高温，电容精度高，如图 2-2-9（b）所示。

③ 涤纶电容器。

涤纶电容器是用两片金属箔作为电极，以涤纶为介质，夹在极薄的电容纸中，卷成圆柱形或者扁柱形芯子而制成的电容器，如图 2-2-9（c）所示。涤纶电容器介电常数较高，体积小，容量大，稳定性较好，适宜做旁路电容器。

④ 电解电容器。

电解电容器是用薄的氧化膜作为介质的电容器，如图 2-2-9（d）所示。因为氧化膜有单向导电性质，所以电解电容器具有极性。

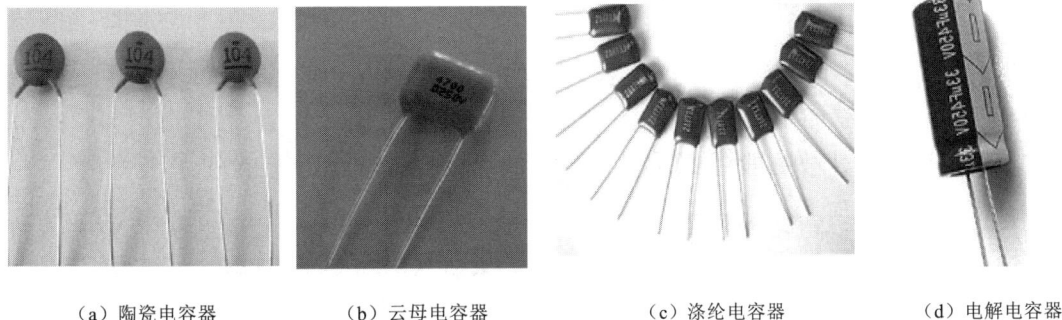

（a）陶瓷电容器　　　（b）云母电容器　　　（c）涤纶电容器　　　（d）电解电容器

图 2-2-9　常用电容器

（2）微调电容器。

电路符号：C

电路图形符号：

微调电容器也称半可变电容器，它的电容量可在某一小范围内调整，并可在调整后固定于某个电容值。

瓷介微调电容器的品质极高，体积也小，通常可分为圆管式和圆片式两种。

云母和聚苯乙烯介质的微调电容器，通常都采用弹簧式结构，这种微调电容器结构简单，但稳定性较差。如图 2-2-10 所示为常用微调电容器。

图 2-2-10　常用微调电容器

（3）可变电容器。

电路符号：C

电路图形符号：

可变电容器是指电容值可以在比较大的范围内发生变化，并可确定为某一个值的电容器。可变电容器分为薄膜介质和空气介质两种形式。可变电容器常用于耦合及调谐电路中，常见的有双联电容、陶瓷电容等。如图 2-2-11 所示为常用可变电容器。

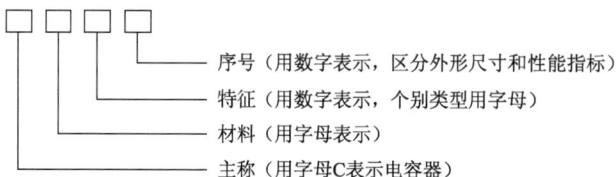

图 2-2-11　常用可变电容器

4）标示

（1）电容器型号命名方法。

国产电容器的型号一般由以下 4 部分组成（详见拓展资源的附录 E）。

序号（用数字表示，区分外形尺寸和性能指标）
特征（用数字表示，个别类型用字母）
材料（用字母表示）
主称（用字母C表示电容器）

（2）电容器的标称容量和允许误差的标注方法。

电容器的标称容量和允许误差的标注方法有直标法、文字符号法和色标法。

① 直标法。

直标法是将主要技术指标直接标注在电容器表面的方法，一般适用于体积较大的电容器。

例如：CT1-0.022μF-63V，表示圆片形低频瓷介电容器，标称容量为 0.022μF，额定电压为 63V。

例如：CJ3-400V-0.01-Ⅱ，表示密封金属化纸介电容器，额定电压为 400V，标称容量为 0.01μF，允许误差为 Ⅱ 级（±10%）。

② 文字符号法。

文字符号法是将数字和符号进行有规律的组合，然后标注在电容器的表面来表示标称容量的方法。允许误差用文字符号 D（±0.5%）、F（±1%）、G（±2%）、J（±5%）、K（±10%）、M（±20%）表示。电容器标注时遵循以下规则。

a. 凡不带小数点的数值，若无标示单位，则单位为 pF。如 2200 表示 2200pF，如图 2-2-12（a）所示。

b. 凡带小数点的数值，若无标示单位，则单位为 μF。如 0.47 表示 0.47μF，如图 2-2-12（b）所示。

c. 对于三位数字的电容量，前两位数字表示容量值，最后一位数字为倍率符号，单位为 pF。若第三位为 9，表示 10^{-1} 倍率，如 682J→$68×10^2$pF±5%=6800pF±5%，如图 2-2-12（c）所示；479→$47×10^{-1}$pF=4.7pF。

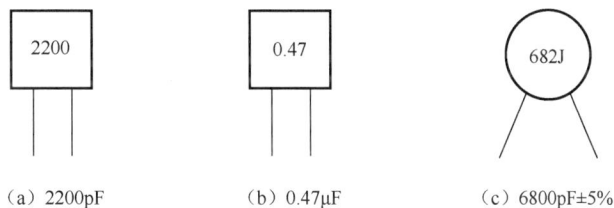

(a) 2200pF (b) 0.47μF (c) 6800pF±5%

图 2-2-12 电容器的文字符号法示意图

d. 许多小型的固定电容器，体积较小，为便于标注，习惯上省略其单位，标注时单位符号的位置代表标称容量有效数字中小数点的位置。如 p33→0.33pF，33n→$33×10^{-9}$F=$33×10^3$pF=$33×10^{-3}$μF，3μ3→3.3μF。

③ 色标法。

电容器色标法的原则和色标意义与电阻器色标法基本相同，其单位是 pF。色环的读取方向是从顶部向引脚方向读，如图 2-2-13 所示。

(a) $15×10^4$pF=0.15μF (b) $22×10^4$pF=0.22μF

图 2-2-13 电容器的色标法示意图

3. 电感器

1）概述

电感器简称电感，用字母 L 表示。电感器和电容器一样，也是一种储能元件，它能把电能转变为磁场能，并在磁场中储存能量。电感器的特性与电容器的特性正好相反，它具有阻止交流电通过而让直流电通过的特性。将电感器和电容器组装在一起工作，可构成 LC 滤波器、LC 振荡器等。另外，利用电感的特性，还可制造扼流圈、变压器、继电器等。固定电感器主要用于电视机、摄像机、录像机、微电机及其他电子设备和通信设备中，起谐振、耦合、延迟、滤波、陷波、扼流、抗干扰等作用。

2）参数

电感器的主要参数有电感量 L、品质因数 Q 值、自谐频率 f、直流电阻 R_{DC}、额定电流 I 等。

电感量 L 是电感器存储磁能的能力的度量。电感量决定了电感器对交流电流的阻碍程度，电感量越大，对高频电流的阻碍越大。它的基本单位是亨［利］（H），常用毫亨（mH）和微亨（μH）为单位，三个单位之间的换算关系如下。

$$1H=1000mH$$

$$1mH=1000\mu H$$

品质因数 Q 值是电感器存储能量与每次循环中损耗能量的比值。Q 值越高，表示电感器的损耗越小，效率越高。Q 值受频率、电感器的材料和结构等因素影响。

自谐频率 f 是电感器在高频下由于寄生电容的存在而开始呈现谐振的频率。自谐频率是电感器在高频应用中的一个限制因素。

直流电阻 R_{DC} 是电感器在直流电路中的电阻值。它包括电感器线圈的电阻及可能的接触电阻。直流电阻会影响电感器在直流或低频交流电路中的性能。

额定电流 I 是电感器在正常工作条件下可以安全承受的最大电流。超过额定电流可能会导致电感器过热甚至损坏。额定电流与电感器的物理尺寸、线圈材料和设计有关。

3）分类

电感线圈的种类和结构各式各样，通常由骨架、绕组、磁芯及屏蔽罩组成。根据使用场合的不同，分为两大类：一类是利用自感作用的电感线圈；另一类是利用互感作用的变压器和互感器。

电路符号：L

电路图形符号：电感（国标）  互感器（国标）

（1）立式固定电感器。

立式固定电感器是一种在铁氧体工型磁芯上紧密绕制单层或多层导线的紧凑电子元件，外包装分别由硅橡胶套管和热缩套管构成。可在电视机和其他电子设备中起滤波和扼流作用。常用立式固定电感器如图 2-2-14 所示。

（2）工字形电感器。

特性：储能高；损耗小；价格低。

用途：微波消除，RF 滤波；输出扼流；EMI/RFI 滤波；广泛用于计算机、显示器、电视机及各种电子设备中。工字形电感器如图 2-2-15 所示。

图 2-2-14　常用立式固定电感器

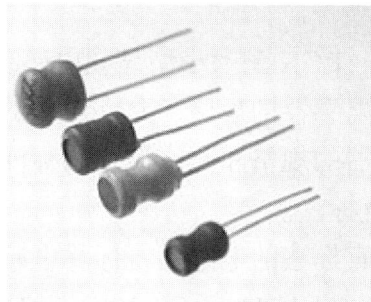

图 2-2-15　工字形电感器

（3）棒装线圈。

特性：输出电流大；价格低；结构坚实。

用途：微波消除；输出扼流；EMI/RFI 滤波；广泛用于各类电子电路和电子设备中。棒装线圈如图 2-2-16 所示。

（4）电流感测器。

特性：感应灵敏度高；绝缘性能好。

用途：电流传感；常用于电了控制系统和电子设备中。电流感测器如图 2-2-17 所示。

（5）电源转换器。

图 2-2-16　棒装线圈

特性：滤波性能好；负载能力强；损耗小。

用途：AC-AC、AC-DC 转换；广泛用于收音机、收录机、无线电话及其他小型电器中。电源转换器如图 2-2-18 所示。

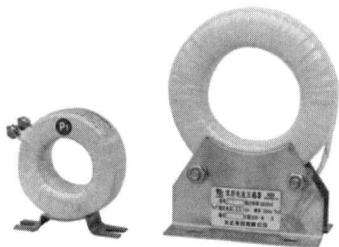

图 2-2-17　电流感测器

图 2-2-18　电源转换器

4）标示

（1）电感器型号命名方法。

电感器的命名由主称、材料、特征和序号 4 部分组成。

电感器可根据电路要求自行设计和制作，目前主要生产有 LG1 和 LG2 两种型号的固定电感器。其中，LG1 型固定电感器是轴向引线的；LG2 型固定电感器是径向引线的。

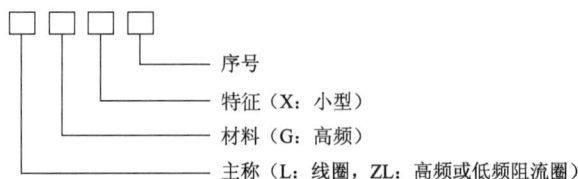

序号

特征（X：小型）

材料（G：高频）

主称（L：线圈，ZL：高频或低频阻流圈）

例如：LGX 型为小型高频电感线圈。

（2）电感器的规格和允许误差的标注方法。

电感器的规格和允许误差的标注方法有直标法和色标法。

① 直标法。

采用直标法的电感器将标称电感量用数字直接标注在电感器的外壳上，同时用字母 A（50A）、B（150A）、C（300A）、D（700A）、E（1600A）表示额定电流，用 Ⅰ（±5%）、Ⅱ（±10%）、Ⅲ（±20%）表示允许误差。

② 色标法。

色环电感器的色环含义与色环电阻器的色环含义一样，单位为 H。第一条、第二条、第三条色环为有效数字，第四条色环为允许误差。

（二）电阻器、电容器和电感器的识别与检测方法

1. 电阻器阻值的测量方法

数字式万用表测量电阻器的电阻值，详见"项目二　常用电子元器件识别和检测　任务一　数字式万用表的使用"。

2. 电容器性能的检测方法

电容器一般常见故障有：击穿短路、断路、漏电或电容量变化等。通常情况下用指针式万用表来判断电容器的好坏，并对其质量进行定性分析。

利用指针式万用表的欧姆挡，通过测量电容器两个引脚之间的漏电阻，根据指针摆动的情况判断其质量。检测中可能出现的情况如图 2-2-19 所示。

（1）检测 0.01μF 以下的电容器。

检测时，可选用指针式万用表的 $R \times 10k$ 挡，用两表笔分别任意接触电容器的两个引脚。正常情况下，阻值应为无穷大；若测出阻值小或为零，则说明电容器漏电或短路，如图 2-2-19（d）、（c）所示。

（2）检测 0.01μF 以上固定电容器。

可用指针式万用表的 $R \times 10k$ 挡测试电容器是否有充电过程及漏电现象，并估计电容器的容量。

① 用两表笔分别任意接触电容器的两个引脚。

② 调换表笔再接触电容器的两个引脚。

③ 如果电容器的性能良好，则指针式万用表的指针会向右摆动一下，随即迅速向左回转，返回无穷大的位置，如图 2-2-19（a）所示。

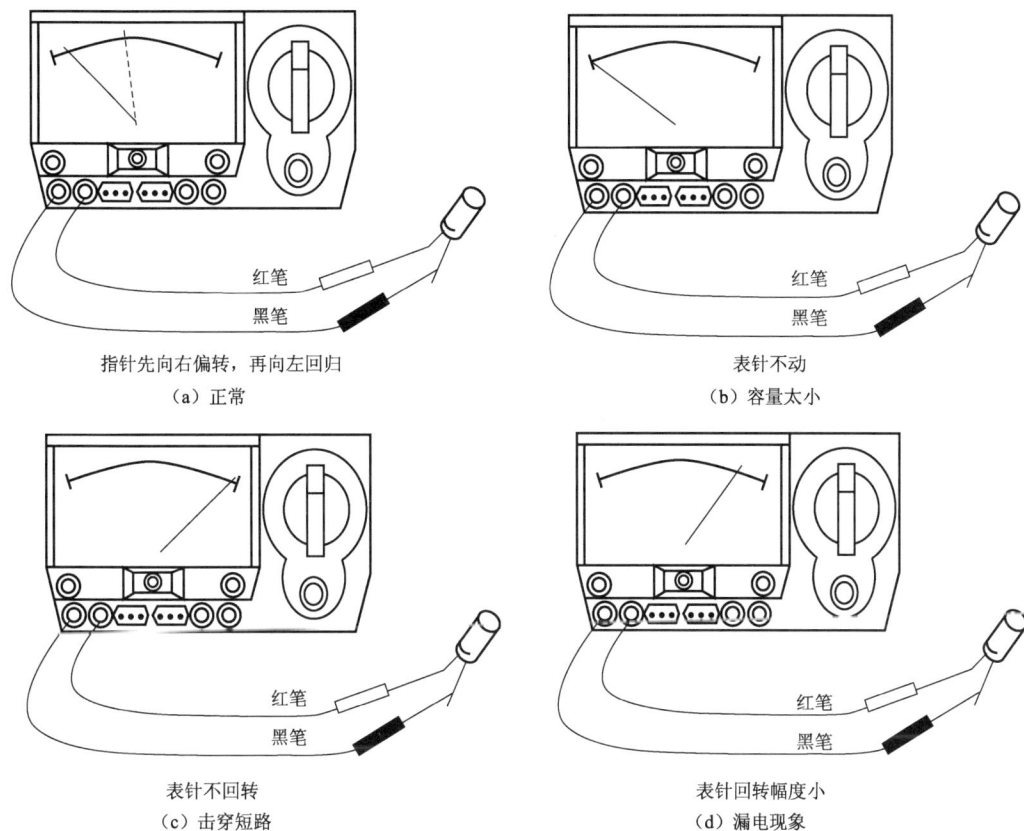

（a）正常
指针先向右偏转，再向左回归

（b）容量太小
表针不动

（c）击穿短路
表针不回转

（d）漏电现象
表针回转幅度小

图 2-2-19　使用指针式万用表检测固定电容器质量

（3）电解电容器性能的判断方法。

电解电容器性能一般可以根据其漏电阻大小来判断。具体方法如下。

① 针对不同容量的电解电容器选用合适的量程。一般情况下，1～47μF 的电解电容器可选用 $R×1k$ 挡；47～1000μF 的电解电容器可选用 $R×100$ 挡。

② 将指针式万用表的红表笔接电容器负极，黑表笔接正极。在刚接触的瞬间，指针式万用表的指针即向右偏转较大幅度，然后逐渐向左回转，直到停在某一位置。此时的阻值便为电解电容器的正向电阻，此值越大，说明漏电流越小，电容器性能越好。

③ 将红、黑表笔对调，电解电容器的两个引脚短接，重复刚才的测量过程。此时所测阻值为电解电容器的反向漏电阻。

在实际使用中，电解电容器的漏电阻一般应在几百千欧以上，且反向漏电阻略小于正向漏电阻。

3. 电感器性能的检测方法

（1）直观检查。

查看引脚是否断裂、磁芯是否松动、绝缘材料是否破损或烧焦等。

（2）用数字式万用表检测电感器。

用数字式万用表欧姆挡测量电感器的直流电阻值来判断短路或断路等情况。一般电感器的电阻值很小（零点几欧到几欧），对于匝数较多、线径较细的线圈，其直流电阻为几百欧。若测出的电阻值无穷大，则说明存在断路故障。使用数字式万用表检测电感器如图 2-2-20 所示。

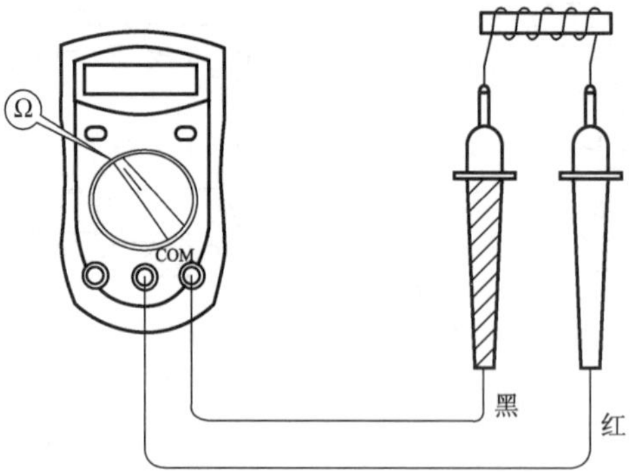

图 2-2-20　使用数字式万用表检测电感器

技能训练

（一）训练内容

色环电阻器和电容器参数的识别；使用数字式万用表检测电阻器阻值；使用指针式万用表检测电容器性能。

（二）训练器材

工具、仪器、材料如表 2-2-3 所示。

表 2-2-3　工具、仪器、材料

工具、仪器	材料
数字式万用表和指针式万用表各一台	不同数值色环电阻器 10 只
	各种类型电容器 10 只
	标签若干

（三）训练步骤

1. 色环电阻器参数的识别方法

将准备的 10 只色环电阻器编号，识别其参数并将结果记入表 2-2-4 中。

表 2-2-4　色环电阻器参数记录表

编号	色环	标称阻值	允许误差	编号	色环	标称阻值	允许误差
1				6			
2				7			
3				8			
4				9			
5				10			

2. 色环电阻器阻值的检测方法

将准备的 10 只色环电阻器编号，利用数字式万用表检测电阻值，并将结果记入表 2-2-5 中。

表2-2-5 色环电阻器阻值的记录表

编号	量程选择	标称阻值	实测阻值	编号	量程选择	标称阻值	实测阻值
1				6			
2				7			
3				8			
4				9			
5				10			

3. 电容器参数的识别方法

将准备的10只电容器编号，识别其参数和特征，记入表2-2-6中。

表2-2-6 电容器参数的记录表

编号	名称	标称容量	耐压	介质	编号	名称	标称容量	耐压	介质
1					6				
2					7				
3					8				
4					9				
5					10				

4. 电容器性能的检测方法

利用指针式万用表测量电容器的正向漏电阻，分析检测结果，进一步判断电容器性能，记入表2-2-7中。

表2-2-7 电容器性能的记录表

编号	电容器类别	指针式万用表挡位	指针式万用表是否调零	漏电阻	测量中问题	是否合格
1	云母电容器 0.1μF					
2	涤纶电容器 0.01μF					
3	电解电容器 100μF					
4	电解电容器 1000μF					

（四）知识拓展

片状电阻器的简介

片状元器件是一种无引线或短引线的小型元器件，它可直接安装在印制电路板上，是表面组装技术（SMT）的专用器件。其主要特点是：尺寸小、重量轻、安装密度高、可靠性好、高频特性好、抗干扰能力强，是电子产品小型轻量化发展的主要方向，也是电子产品发展的必然趋势。

片状元器件的种类很多，这里只简单介绍片状电阻器的识读。

片状电阻器又称 LL 电阻，它可分为薄膜型和厚膜型两种，但应用较多的是厚膜型。片状电阻器如图 2-2-21 所示。

图 2-2-21　片状电阻器

1. 三位数字标注法

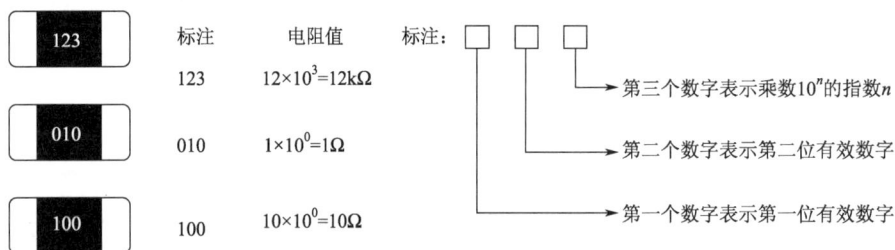

标注	电阻值
123	$12 \times 10^3 = 12k\Omega$
010	$1 \times 10^0 = 1\Omega$
100	$10 \times 10^0 = 10\Omega$

标注：
- 第三个数字表示乘数 10^n 的指数 n
- 第二个数字表示第二位有效数字
- 第一个数字表示第一位有效数字

2. 两位数字后加 R 标注法

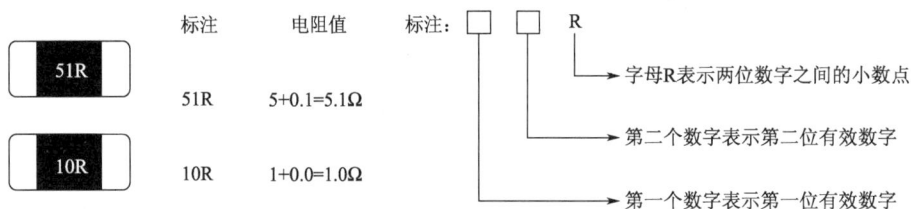

标注	电阻值
51R	$5 + 0.1 = 5.1\Omega$
10R	$1 + 0.0 = 1.0\Omega$

标注：
- 字母 R 表示两位数字之间的小数点
- 第二个数字表示第二位有效数字
- 第一个数字表示第一位有效数字

3. 两位数字中间加 R 标注法

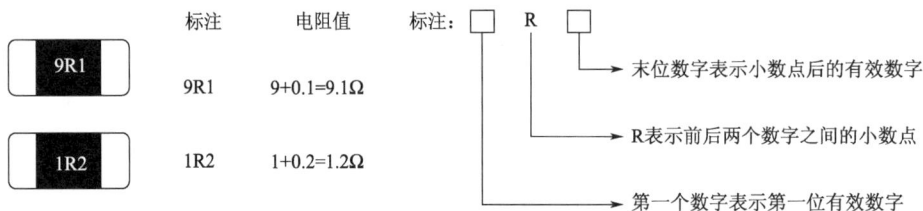

标注	电阻值
9R1	$9 + 0.1 = 9.1\Omega$
1R2	$1 + 0.2 = 1.2\Omega$

标注：
- 末位数字表示小数点后的有效数字
- R 表示前后两个数字之间的小数点
- 第一个数字表示第一位有效数字

片状电容器和片状电感器的识读方法与此类似。

（五）技能评价

电阻器、电容器和电感器使用方法训练评价详见"工作活页"。

任务三 常用半导体器件的使用

一、学习目标

1．掌握晶体二极管、晶体三极管、七段 LED 数码管和集成电路的基本原理、结构和分类；

2．掌握晶体二极管、晶体三极管和集成电路的使用方法。

二、工作任务

晶体二极管、晶体三极管和集成电路的使用方法训练。

三、实践操作

基础知识

（一）常用的半导体器件

1．晶体二极管

电路符号：VD

电路图形符号：—▷|—

1）概述

半导体是一种具有特殊性质的物质，它不像导体一样能够完全导电，又不像绝缘体那样不能导电，它介于两者之间，所以称为半导体，硅和锗是最常见的半导体材料。

晶体二极管最明显的性质就是它的单向导电特性，即电流只能从一边过去，却不能从另一边来（从正极流向负极）。电路符号形象地表示了晶体二极管的工作电流流动的方向，箭头所指的方向是正向电流流通的方向。

常见的晶体二极管有玻璃封装、塑料封装和金属封装等几种。晶体二极管有两个电极，分为正、负极，一般把极性标在晶体二极管的外壳上。大多数晶体二极管用一个不同颜色的环来表示负极，有的直接标上"-"号。大功率晶体二极管多采用金属封装，并且有一个螺母以便固定在散热器上。常用三种封装形式的晶体二极管如图 2-3-1 所示。

2）分类

晶体二极管按其结构可分为三种。

（1）点接触晶体二极管。点接触晶体二极管是由一根很细的金属丝热压在半导体晶体上制成的，可形成一个很小的 PN 结。点接触晶体二极管只能允许很小的电流通过，所以其工作频率高，多用于检波、小电流整流或高频开关电路中。

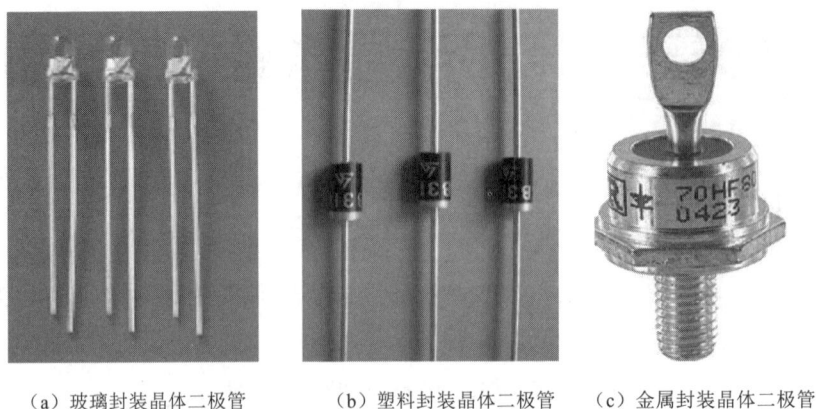

（a）玻璃封装晶体二极管　　　（b）塑料封装晶体二极管　　　（c）金属封装晶体二极管

图 2-3-1　常用三种封装形式的晶体二极管

（2）面接触晶体二极管。面接触晶体二极管是采用特殊工艺使 P 型和 N 型半导体材料形成一个较大的接触面，所以面接触晶体二极管可以通过较大的电流，适用于频率较低的电路，如整流、稳压、低频开关电路等。

（3）平面型晶体二极管。平面型晶体二极管的表面被制成平面，其优点是性能稳定，寿命长，一般用于脉冲及高频电路中。

晶体二极管的内部结构如图 2-3-2 所示。

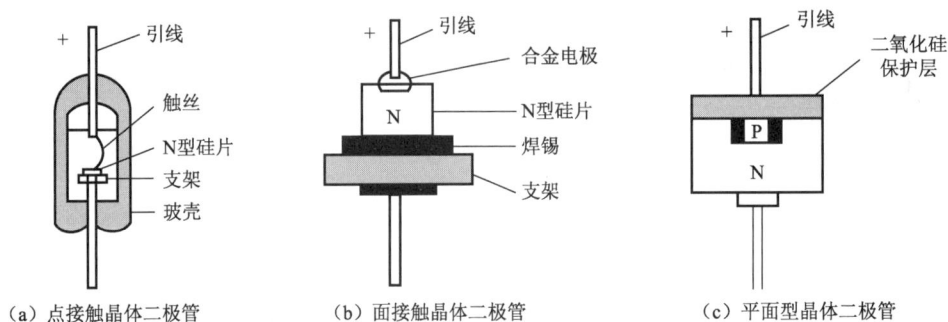

（a）点接触晶体二极管　　　（b）面接触晶体二极管　　　（c）平面型晶体二极管

图 2-3-2　晶体二极管的内部结构

晶体二极管从 PN 结的材料上可分为硅晶体二极管、锗晶体二极管等；按封装材料可分为玻璃封装晶体二极管、塑料封装晶体二极管、金属封装晶体二极管等；按用途可分为检波晶体二极管、整流晶体二极管、稳压晶体二极管、开关晶体二极管、发光晶体二极管和光电晶体二极管等。

（1）检波晶体二极管。

检波晶体二极管是指能将调制在高频信号上的低频信号检出来的晶体二极管，它要求结电容小、反向电流也小。因此，检波晶体二极管常采用点接触晶体二极管。

选用检波晶体二极管时，被选用晶体二极管的工作频率应满足实际应用电路的要求，并且要求结电容较小、反向电流也较小。

（2）整流晶体二极管。

整流晶体二极管是指利用 PN 结的单向导电性，把交流电变换成脉动直流电的晶体二极管。由于整流晶体二极管的工作电流较大，因此它通常采用面接触晶体二极管。

选用整流晶体二极管时，被选用晶体二极管的额定正向工作电流应大于实际工作电流，最高反向工作电压应在实际工作电压的 1.5 倍以上。

（3）稳压晶体二极管。

稳压晶体二极管是工作在非破坏性反向击穿状态的硅晶体二极管。它采用特殊工艺制造，因此其工作在反向击穿状态下时不易损坏，并且其击穿是可逆的，即反向击穿电压一旦撤销，稳压晶体二极管便能恢复到原来的状态。

选用稳压晶体二极管时，被选用稳压晶体二极管的稳定电压值应能满足实际应用电路的需要，并且工作电流变化时的电流值上限应不超过被选用稳压晶体二极管的最大稳定电流值。

（4）开关晶体二极管。

开关晶体二极管除了具有普通晶体二极管的特性，还具有更小的正向电阻、更大的反向电阻和较小的 PN 结电容。

选用开关晶体二极管时，被选用的开关晶体二极管应在正向工作电压下电阻很小，在反向工作电压下电阻很大，并且反向恢复时间短。

（5）发光晶体二极管。

发光晶体二极管和普通晶体二极管一样，也是由 PN 结构成的。若给它加上足够的正向电压，就能将电能转换成光能，即发光。发光晶体二极管的特点是正向伏安特性和普通晶体二极管相似，但正向工作电压比普通晶体二极管高，正向工作电压约为 2V。

选用发光晶体二极管时，只要是工作电压稳定的电路中任何类型的发光晶体二极管均可，使用时需要注意不要让发光晶体二极管的亮度太高（即工作电流太大），否则会使发光晶体二极管的寿命缩短。

（6）光电晶体二极管。

光电晶体二极管是一种常用的光敏器件。光电晶体二极管和普通晶体二极管结构相似，光电晶体二极管也具有一个 PN 结，不同的是光电晶体二极管有一个透明的窗口，可以让光线照射到 PN 结上。光电晶体二极管的特点是可以将光信号转换成电信号，并且在反向工作状态时其光电流的大小和光照射强度成正比，光照射越强，光电流越大。

选用光电晶体二极管时最主要的参数是最高工作电压 U_{RM}。在无光照、反向电流不超过规定值（通常为 0.1μA）的前提下，光电晶体二极管所允许加的最高反向电压值为 10～50V。

几种常用晶体二极管的实物和图形符号如图 2-3-3 所示。

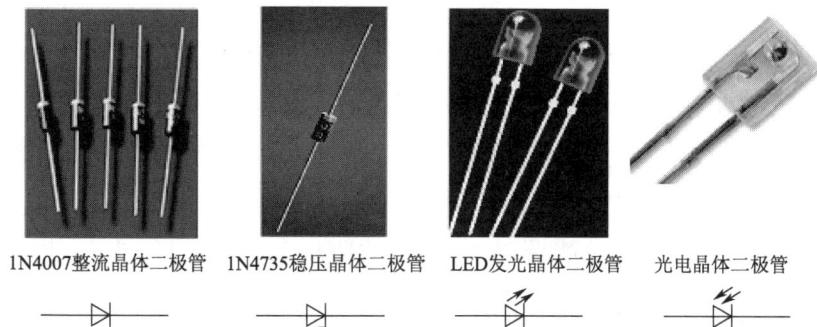

1N4007整流晶体二极管　　1N4735稳压晶体二极管　　LED发光晶体二极管　　光电晶体二极管

图 2-3-3　常用晶体二极管的实物和图形符号

半导体分立器件型号命名方法如表2-3-1所示。

表2-3-1　半导体分立器件型号命名方法

第一部分		第二部分		第三部分				第四部分	第五部分
用阿拉伯数字表示器件的电极数目		用汉语拼音字母表示器件的材料和极性		用汉语拼音字母表示器件的类别				用阿拉伯数字表示登记顺序号	用汉语拼音字母表示规格号
符号	意义	符号	意义	符号	意义	符号	意义		
2	二极管	A	N型，锗材料	P	小信号管	D	低频大功率晶体管 $f<3\text{MHz}$，$(P_C \geq 1\text{W})$		
		B	P型，锗材料	V	检波管				
		C	N型，硅材料	W	电压调整管和电压基准管				
		D	P型，硅材料			A	高频大功率晶体管 $f \geq 3\text{MHz}$ $(P_C \geq 1\text{W})$		
		E	化合物或合金材料	C	变容管				
3	三极管	A	PNP型，锗材料	Z	整流管				
		B	NPN型，锗材料	L	整流堆				
		C	PNP型，硅材料	S	隧道管	T	闸流管		
		D	NPN型，硅材料	N	噪声管	Y	体效应管		
		E	化合物或合金材料	U	光电器件	B	雪崩管		
				K	开关管	J	阶跃恢复管		
				X	低频小功率晶体管 $f<3\text{MHz}$ $(P_C<1\text{W})$				
				G	高频小功率晶体管 $f \geq 3\text{MHz}$ $(P_C<1\text{W})$				

2. 七段LED数码管

电子显示器件是指将电子信号转换为光电信号的光电转换器件，可用来显示数字、符号、文字或图像。电子显示器件是电子显示装置的关键部件，决定了显示装置的性能。电子技术实训中较为常用的是七段LED数码管。

常用的七段LED数码管是利用发光晶体二极管的制造工艺，由7个条状管芯的发光晶体二极管制成。七段LED数码管有两种不同的结构形式，七段LED数码管及其等效电路如图2-3-4所示。当各段发光晶体二极管的阳极连在一起作为公共端时称为共阳极数码管，阴极连在一起作为公共端时称为共阴极数码管。共阳极数码管工作时应当将阳极连电源正极，各驱动输入端通过限流电阻接相应的译码驱动器的输出。当译码驱动器的输出为低电平时，数码管相应的段变亮。共阴极数码管的使用与此类似。

七段 LED 数码管各段发光晶体二极管的伏安特性与普通晶体二极管类似，只是正向压降稍大，在正向电流达到适当大小时就能发光。在一定范围内，发光亮度和正向电流的大小近似成正比，但正向电流应小于允许的最大电流，一般以不超过极限电流的 70% 为宜。因此，它的驱动输入端和译码电路或电压源相连时，应当串接合适的限流电阻，以免损坏器件。

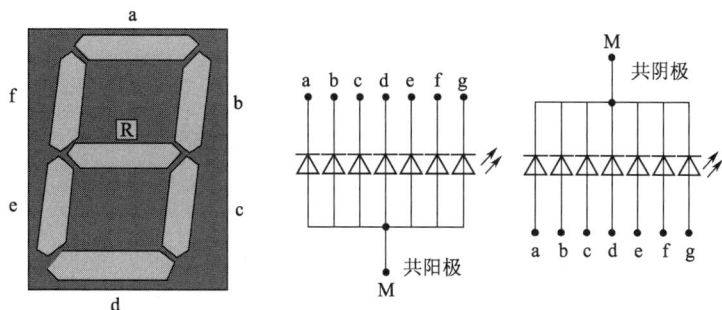

图 2-3-4　七段 LED 数码管及其等效电路

3. 晶体三极管

电路符号：VT

电路图形符号：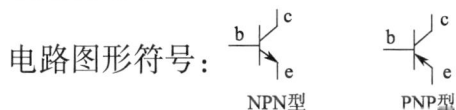

1）概述

晶体半导体三极管简称为晶体三极管，是电子电路中主要的器件，主要起到电流放大和开关作用。晶体三极管的核心是两个互相联系的 PN 结，其内部结构分为发射区、基区、集电区，由 3 个区引出的电极分别为发射极 e、基极 b、集电极 c。按 PN 结不同的组合方式，晶体三极管分为 NPN 型和 PNP 型两种。两种晶体三极管的电路符号是有区别的：PNP 型管的发射极箭头向内，NPN 型管的发射极箭头向外。

2）原理

晶体三极管最基本的作用是放大电信号。当在晶体三极管的基极上加一个微小的电流时，在集电极上可以得到一个是注入电流 β 倍的集电极电流。集电极电流随基极电流的变化而变化，并且基极电流很小的变化可以引起集电极电流很大的变化，这就是晶体三极管的放大作用。

晶体三极管的种类很多，并且不同型号各有不同的用途。晶体三极管大多采用塑料封装或金属封装，常见晶体三极管的外观如图 2-3-5 所示。

电子技术实训中还常用 90×× 系列晶体三极管，包括低频小功率硅管 9013（NPN）、9012（PNP），低噪声管 9014（NPN），高频小功率晶体管 9018（NPN）等。它们的型号一般都标在塑壳上，而外形都是依据 TO-92 标准封装，使用时一定要注意区分各电极。

晶体三极管的主要参数包括以下几项。

（1）电流放大系数 β：电流放大系数是表征晶体三极管电流放大能力的参数。由于制造工艺的分散性，即使同一型号晶体三极管的 β 也有很大的差别。常用小功率晶体三极管的 β 值在 20～150 之间，通常以 50～80 为宜。

（2）集电极最大允许电流 I_{CM}：集电极最大允许电流是指晶体三极管工作时，对其集电极电流的限制。当晶体三极管集电极电流超过 I_{CM} 时，晶体三极管的参数（如 β）会明显下降，并容易造成损坏。

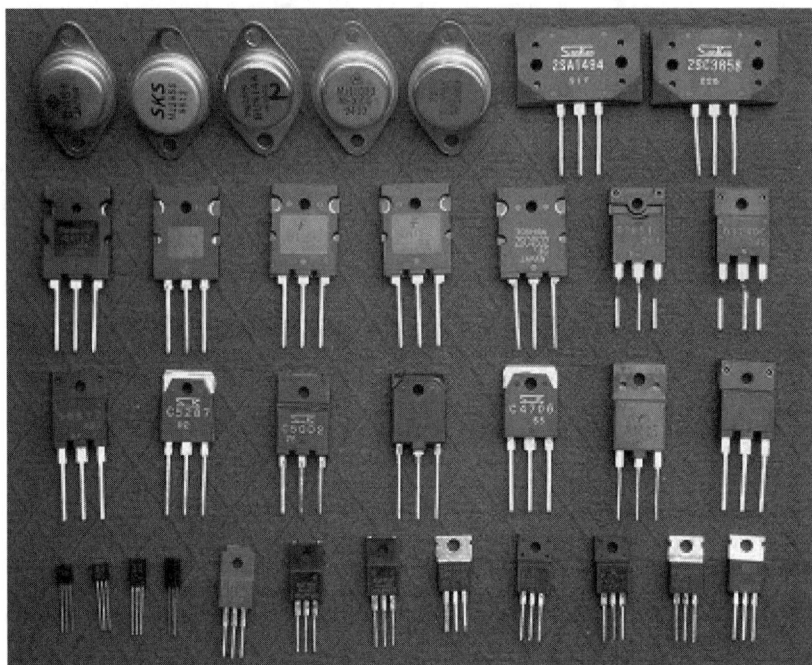

图 2-3-5　常见晶体三极管的外观

（3）集电极最大允许耗散功率 P_{CM}：晶体三极管导通时，集电极电流引起的功率损耗会使反向偏置的集电结发热。为了限制集电结温升不超过允许值而规定了集电极最大允许耗散功率 P_{CM}，该值除了与集电极电流有关外，还与集电极和发射极之间的电压有关。晶体三极管工作时损耗若超过 P_{CM}，集电结会因温度过高而烧毁。

（4）集电极、发射极之间反向击穿电压 $U_{(BR)CEO}$：集电极、发射极之间反向击穿电压是指晶体管基极开路时，集电极和发射极之间能够承受的最大电压。实际值超过此值时，会导致晶体管被击穿而损坏。

4．集成电路

1）概述

集成电路是一种采用特殊工艺，将晶体管、电阻、电容等元件集成在硅基片上而形成的具有一定功能的器件。由于其密封包装、体积小、集成度高、性能稳定、可靠性好，在电子装置中得到了广泛的应用。英文缩写为 IC（Integrated Circuit），也俗称集成芯片。

2）分类

集成电路的种类很多，按功能可分为数字集成电路和模拟集成电路（模拟集成电路又有线性和非线性之分）等；按导电类型可分为单极型集成电路和双极型集成电路等；按制作工艺可分为半导体集成电路、薄膜集成电路、厚膜集成电路和混合膜集成电路等。

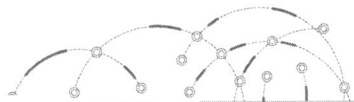

集成电路根据内部的集成度分为超大规模和大规模集成电路、中规模集成电路、小规模集成电路三类。其封装又有许多形式，最为常见的是双列直插和单列直插。而消费类电子产品中用软封装的集成电路多为贴片封装形式。各种集成电路的实物外形如图 2-3-6 所示。

图 2-3-6　各种集成电路的实物外形

数字集成电路产品的种类有很多种。数字集成电路构成了各种逻辑电路，如各种门电路、编译码器、触发器、计数器、寄存器等，它们被广泛地应用在生活的方方面面，小至电子表，大至计算机，都是由数字集成电路构成的。在结构上，数字集成电路可分成 TTL 型和 CMOS 型两类。数字集成电路如图 2-3-7（a）所示。

模拟集成电路被广泛地应用在各种视听设备中。实际上，模拟集成电路在应用上比数字集成电路复杂些。模拟集成电路一般需要一定数量的外围元件配合它工作。这是因为集成电路制作工艺上的限制，也是为了让集成电路更多地适应不同的应用电路。模拟集成电路如图 2-3-7（b）所示。

（a）数字集成电路　　　　　　　（b）模拟集成电路

图 2-3-7　常用集成电路

（二）晶体二极管、晶体三极管和集成电路的识别、检测方法

1. 晶体二极管极性的识别、检测方法

一般情况下，晶体二极管有色点的一端为正极，如 2AP1、2AP7，2AP11、2AP17 等。如果是透明玻璃壳晶体二极管，可直接看出极性，即内部连触丝的一端是正极，连半导体片的一端是负极。塑封晶体二极管有圆环标志的是负极，如 1N4000 系列。

无标记的晶体二极管，则可用数字式万用表电阻挡来判别正、负极，判别方法如

图 2-3-8 所示。

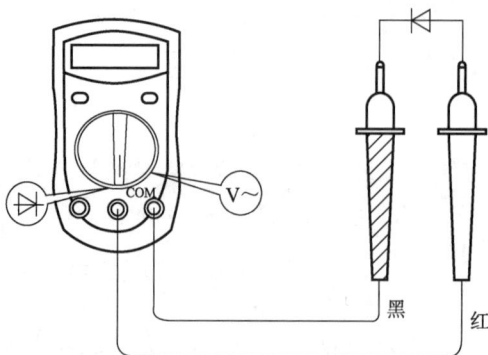

图 2-3-8 用数字式万用表判别晶体二极管正、负极

2. 晶体三极管管型和电极的识别、检测方法

1）目测识别晶体三极管管型的方法

一般情况下，晶体三极管的管型可从管壳上标注的型号来识别。晶体三极管型号的第二位（字母），A、C 表示 PNP 管型，B、D 表示 NPN 管型，例如，3AX 为 PNP 型低频小功率晶体管、3BX 为 NPN 型低频小功率晶体管；3CG 为 PNP 型高频小功率晶体管、3DG 为 NPN 型高频小功率晶体管；3AD 为 PNP 型低频大功率晶体管、3DD 为 NPN 型低频大功率晶体管；3CA 为 PNP 型高频大功率晶体管、3DA 为 NPN 型高频大功率晶体管。

此外，国内普遍使用的 9011～9018 系列高频小功率晶体管，除 9012 和 9015 为 PNP 型管外，其余均为 NPN 型管。

国内常用的中小功率晶体三极管有金属圆壳和塑料封装（半柱形）两种外形，常用的晶体三极管外形和电极（引脚）排列方式如图 2-3-9 所示。

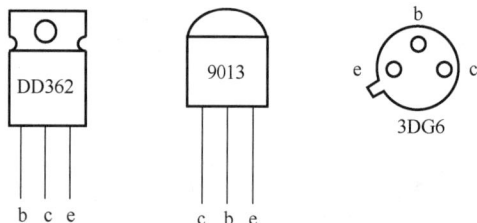

图 2-3-9 常用的晶体三极管外形和电极排列方式

2）用数字式万用表识别、检测晶体三极管的方法

晶体三极管内部有两个 PN 结，可用数字式万用表二极管挡分辨 e、b、c 三个极。在型号标注模糊的情况下，也可用此法判别管型。

将数字式万用表置于二极管挡，用数字式万用表的红表笔和黑表笔接触晶体三极管的电极，测试结果如下。

（1）用黑表笔接晶体三极管其中一个电极，而用红表笔测其他两个电极，如果都导通并且有电压显示，则此晶体三极管为 PNP 型晶体三极管，且黑表笔所接的电极为晶体三极管的基极 b，红表笔所接的其中一个电压稍高的电极为晶体三极管的发射极 e，另一个电压偏低的电极为集电极 c。

（2）用红表笔接其中一个电极，而用黑表笔测其他两个电极，如果都导通并且有电压显示，则此晶体三极管为 NPN 型晶体三极管，且红表笔所接的电极为晶体三极管的基极 b，黑表笔所接的其中一个电压稍高的电极为晶体三极管的发射极 e，另一个电压偏低的电极为集电极 c。

3. 集成电路的引脚识别方法

（1）圆形封装集成电路引脚排列：将管底对准自己，从管键（凸起为参考标记）顺时针读引脚，如图 2-3-10（a）所示。

（2）单列直插式封装集成电路引脚排列：以正面（印有型号商标的一面）朝向自己，引脚朝下，以缺口、凹槽或色点作为引脚参考标志，引脚编号顺序一般从左到右排列，（需要注意的是，如果型号后有后缀字母 R，则引脚排列由引脚参考标志自右向左排列），如图 2-3-10（b）所示。

（3）双列直插式封装集成电路引脚排列：双列直插式封装是集成电路最常用的封装形式，其引脚标志有半圆形豁口标志线、标志圆点等，一般由半圆形豁口就可以确定各引脚的位置。集成电路引脚朝下，以参考标志为准，引脚编号按逆时针排列，如图 2-3-10（c）所示。

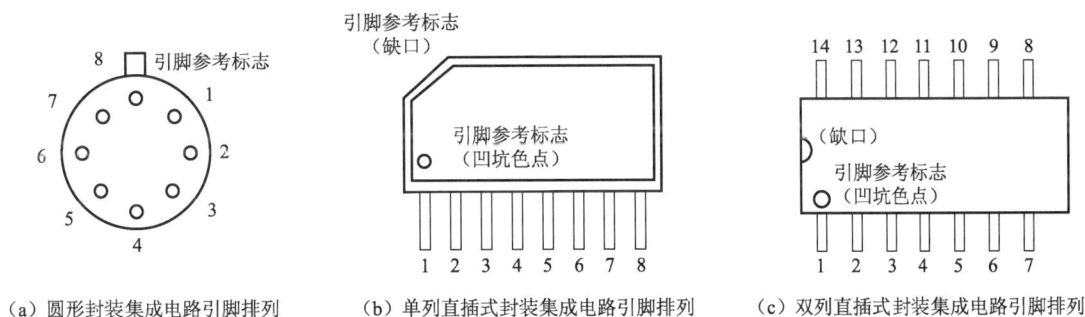

（a）圆形封装集成电路引脚排列　（b）单列直插式封装集成电路引脚排列　（c）双列直插式封装集成电路引脚排列

图 2-3-10　常见封装形式集成电路引脚的排列示意图

技能训练

（一）训练内容

晶体二极管和晶体三极管的识别、使用方法训练。

（二）训练器材

工具、仪器、材料如表 2-3-2 所示。

表 2-3-2　工具、仪器、材料

工具、仪器	材料
数字式万用表一台	类型不同的晶体二极管 5 只
	类型不同的晶体三极管 5 只
	标签若干

（三）训练步骤

1. 晶体二极管型号、类型和作用的识别方法

将准备的 5 只晶体二极管编号，识别其型号、类型和作用，并将结果记入表 2-3-3 中。

表 2-3-3　晶体二极管型号、类型和作用的记录表

编号	型号	类型	作用
1			
2			
3			
4			
5			

2. 晶体二极管电极的判别方法

利用数字式万用表检测每只晶体二极管的电极，并将结果记入表 2-3-4 中。

表 2-3-4　晶体二极管电极的记录表

编号	正向电压值	标注正负极（画示意图）
1		
2		
3		
4		
5		

3. 晶体三极管制造材料、管型和类别的识别方法

将准备的 5 只晶体三极管编号，利用数字式万用表逐个判别其制造材料和管型并通过晶体管手册查找类别，并将结果记入表 2-3-5 中。

表 2-3-5　晶体三极管制造材料、管型和类别的记录表

编号	制造材料	管型（NPN、PNP）	类别
1			
2			
3			
4			
5			

4. 晶体三极管电极的判别方法

利用数字式万用表判别每只晶体三极管的电极，并将结果记入表 2-3-6 中。

表 2-3-6　晶体三极管电极的记录表

编号	发射结（PN 结）正向电压值	标注各电极（画示意图）
1		
2		
3		
4		
5		

（四）知识拓展

片状晶体管的应用简介

1. 片状晶体二极管

常见的片状晶体二极管分圆形片式、矩形片式两种。圆形片式晶体二极管没有引线，将晶体二极管芯片装在具有内部电极的细玻璃管中，两端装上金属帽做正、负极。外形尺寸有 1.5mm×3.5mm（直径为 1.5mm，长 3.5mm；下同）与 2.7mm×5.2mm 等。

圆形片式晶体二极管如图 2-3-11（a）所示，电极引线为紫铜，壳体为塑封形式。

矩形片式晶体二极管有三条 0.65mm 短引线。根据管内所含晶体二极管数量及连接方式，有单管、对管之分；对管中又分共阳极（共正极）、共阴极（共负极）、串接等方式，矩形片式晶体二极管内部构成如图 2-3-11（b）所示，其中 NC 表示空电极。

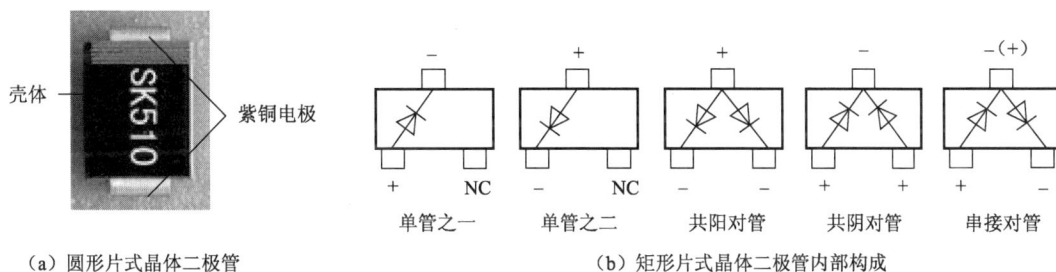

（a）圆形片式晶体二极管　　　　　　（b）矩形片式晶体二极管内部构成

图 2-3-11　圆形片式晶体二极管和矩形片式晶体二极管内部构成

2. 片状晶体三极管

片状晶体三极管俗称"芝麻晶体三极管"（体积微小），有 NPN 型和 PNP 型之分，有普通管、超高频管、高反压管、达林顿管（复合管）等。片状晶体三极管有三个很短的电极，分布成两排。其中一排只有一个电极，这是集电极，其他两根电极分别为基极和发射极。常见的矩形片式 NPN 型晶体三极管的实物和电极排列如图 2-3-12 所示。

图 2-3-12　矩形片式 NPN 晶体三极管的实物和电极排列

（五）技能评价

晶体二极管和晶体三极管使用方法训练评价详见"工作活页"。

📺 时代剪影

风驰电掣的中国速度——中国高铁的芯片 IGBT

在历经 9 年零 6 个月，3000 多个日日夜夜的奋战后，高铁"中国芯 IGBT"在技术上终于追平了对手，用不到 10 年的时间走完了国际巨头们 30 年的路，打破了发达国家一家独大的垄断局面。

作为新一代功率半导体器件，IGBT（绝缘栅双极型晶体管）是国际上公认的电力电子技术第三次革命最具代表性的产品。IGBT 芯片就是高铁列车的核心动力心脏，类似于手机里的 CPU 芯片。IGBT，是实现能源变换与传输的核心器件，除了高铁，在智能电网、航空航天、电动汽车、新能源装备等领域应用极广。

每只 IGBT 芯片的制造需要通过 200 多道工序，其中涉及半导体、机械、电子、计算机、材料和化工等多门复杂学科融合，目前在国际上能制造大功率 IGBT 芯片的企业也是少之又少。上至航空航天、武器制造，下至轨道交通和电力电网都离不开 IGBT，谁掌握了 IGBT 制造应用技术，谁就占据了功率半导体技术的制高点。然而这项技术诞生 30 多年来，一直被德国、日本等制造强国把控。现在中国自主研发取得突破，株洲中车的 IGBT 生产线，每年能制造 12 万支芯片。更重要的是，株洲中车 IGBT 芯片的研发成功意味着按中国标准制造的高铁，如复兴号，它的牵引电机用到的 1152 个 IGBT 芯片都安装具有我国完全自主知识产权的"中国芯"，这些"中国芯"为中国高铁平稳运行保驾护航。

手工焊接与返修技能

利用加热、加压，或两者并用，使两种金属永久牢固地结合的过程称为焊接。焊接是制造电子产品过程中一个极其重要的环节，同时也是保证电子产品质量和可靠性的最基本环节。电子元器件的焊接有手工焊接和自动焊接两种方式：自动焊接是指在自动化流水线上，采用各种自动焊接机来完成的焊接工作；手工焊接虽然速度慢一些，但具有应用灵活、操作简单、适应性强、焊接质量易于控制、设备投资少等优点，广泛应用于电子产品维修、电子产品研制、生产线上的元器件补焊等工作中。因此，掌握手工焊接、拆焊技能的工艺条件和操作是电子技术实训的重要内容之一。

知识目标

1. 掌握常用手工焊接工具的结构及选用；
2. 掌握常用手工拆焊工具的结构及选用；
3. 掌握多孔印制电路板元器件插装、焊接工艺要求。

技能目标

1. 掌握常用电子元器件插装形式；
2. 掌握多孔印制电路板的元器件手工焊接技能；
3. 掌握元器件焊接质量检查与拆焊返修技能。

任务知识网络

```
                    ┌─ 电子电路焊接基本知识
         ┌─ 手工焊接技能 ─┼─ 手工焊接工具
         │              └─ 手工焊接工艺
手工焊接   │
与返修技能 ─┼─ 印制电路板插装、焊接技能 ─┬─ 印制电路板概述
         │                         └─ 印制电路板插装、焊接基本技能
         │              ┌─ 锡焊工艺质量检测
         └─ 手工返修拆焊技能 ─┼─ 印制电路板元器件拆焊返修设备
                        └─ 印制电路板元器件的返修拆焊技巧
```

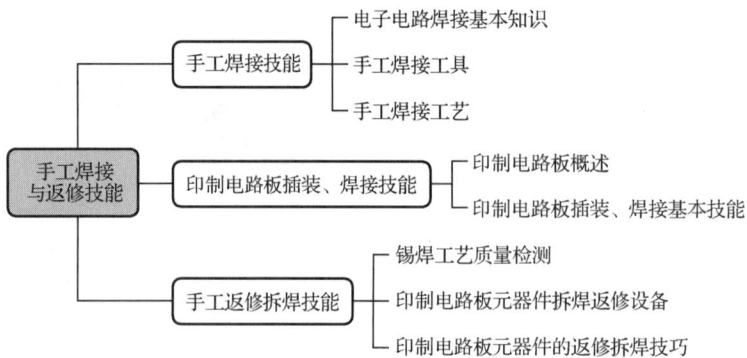

任务一　手工焊接技能

一、学习目标

1. 了解手工焊接工具结构、焊接材料的性能，以及焊接工具的选用；
2. 掌握多孔印制电路板镀锡裸铜丝焊接技能。

二、工作任务

多孔印制电路板镀锡裸铜丝焊接技能训练。

三、实践操作

基础知识

（一）电子电路焊接基本知识

在连接金属的焊接技术中，常用的一种工艺技术叫钎焊，它使用熔点低于被连接金属的钎料（一种合金）来填充连接处的间隙。钎焊过程中，钎料熔化后流入连接处的间隙，冷却后固化，形成连接。与熔化焊接（如电弧焊）不同，钎焊过程中被连接的金属不会熔化，因此钎焊可以用于连接不同材料或热敏感材料。

钎焊是制造电子产品过程中一个极其重要的环节。随着科技的进步，新的焊接工艺不断发展，再流焊、激光焊、热压焊、选择性波峰焊等，成为现代电子组装最重要的焊接工艺。但是手工焊接仍然无法被完全取代，手工焊接也是焊接工艺的基础技能，需要继续对手工焊接进行深入研究。了解印制电路板混合组装的焊接工艺，为从事焊接相关人员，打下坚实的工艺基础。

1. 钎焊的分类

（1）硬钎焊。

使用硬钎料（熔点≥450℃）将不熔化的母材金属连接到一起的方法称为硬钎焊。

（2）软钎焊。

使用软钎料（熔点<450℃）将不熔化的母材金属连接到一起的工艺方法称为软钎焊。锡焊属于软钎焊。

2. 焊接四要素

在电子电路焊接工艺中，焊接工艺质量主要由母材、焊料、助焊剂和热源四个要素决定，如图 3-1-1 所示。

图 3-1-1 焊接四要素

（1）母材。

电子装联焊锡工艺中把被焊接的材料称为母材，一般是指印制电路板（PCB）焊盘、元器件等被焊器件，电子电路焊接母材如图 3-1-2 所示。

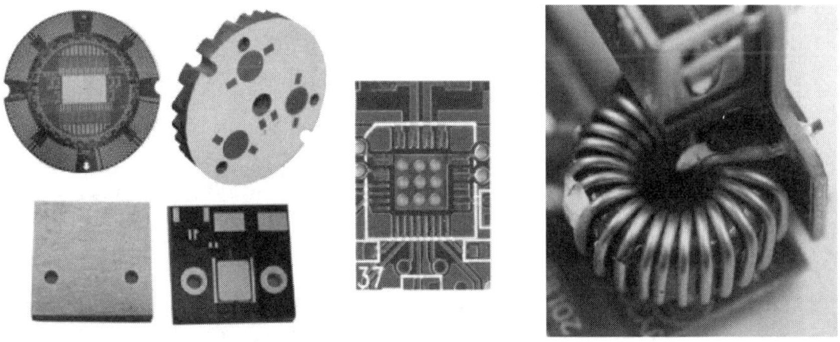

图 3-1-2 电子电路焊接母材

（2）焊料。

锡焊工艺的焊料包括锡膏、锡条、锡丝、锡球等，同时也分有铅、无铅和低温、高温等，不同类型的焊料，如图 3-1-3 所示。有铅焊料一般由锡（Sn）、铅（Pb）合成，常用的成分有 Sn63Pb37，熔点为 183℃。无铅焊料一般由锡（Sn）、银（Ag）、铜（Cu）合成，常用的成分有 Sn99Ag0.3Cu0.7，熔点为 217～227℃，表 3-1-1 为常用无铅锡丝的成分和基本特点。

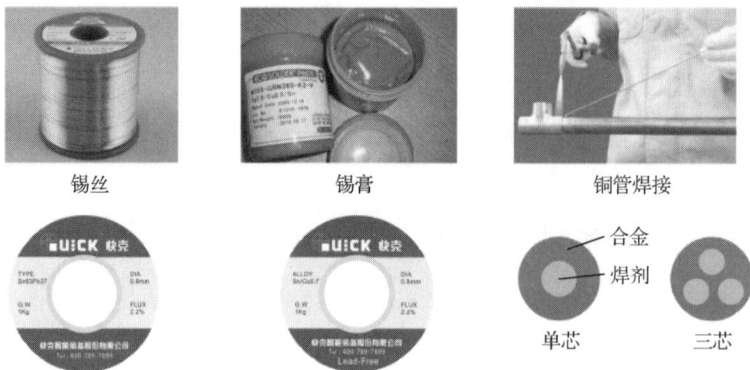

锡丝　　　　　　　　锡膏　　　　　　　铜管焊接

合金
焊剂
单芯　　　三芯

图 3-1-3　不同类型的焊料

表 3-1-1　常用无铅锡丝的成分和基本特点

成分	熔点/℃	基本特点
Sn99.3Cu0.7	227	成本较低，是目前最常用且最经济的环保焊锡丝，用于一般要求的焊接
Sn96.5Ag3.0Cu0.5	217	含银度高，故成本较高，但焊点最光亮，焊接性能最优
Sn99Ag0.3Cu0.7	217～227	含少量银，焊点较亮，各项性能优良，用于较高要求的焊接

（3）助焊剂。

助焊剂的作用是辅助热传导，去除氧化物，降低被焊接材质表面张力，去除被焊接材质表面油污，增大焊接面积，防止再氧化。助焊剂分为清洗型和免清洗型，清洗型助焊剂的主要成分是松香、树脂、含卤化物的活性剂、添加剂和有机溶剂等；免清洗型助焊剂的主要成分是有机溶剂、松香树脂及其衍生物、合成树脂表面活性剂、有机酸活化剂、防腐蚀剂、助溶剂及成膜剂等。助焊剂如图 3-1-4 所示。

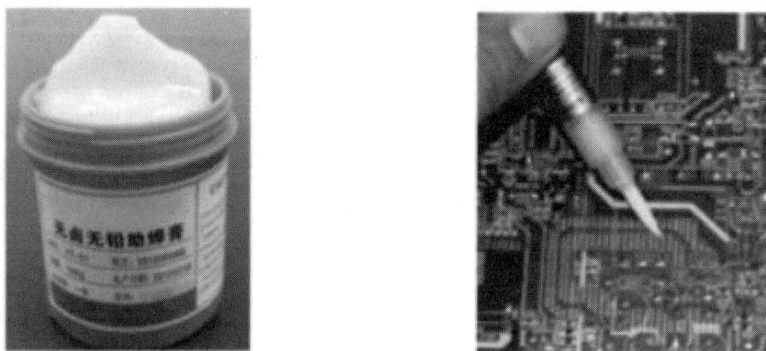

图 3-1-4　助焊剂

（4）热源。

正确地选择焊接工具并控制焊接的温度和时间，是提高焊接工艺水平的关键。如果锡焊温度过高，会导致母材和焊料的氧化，助焊剂作用的劣化，最终影响焊点的品质。常见的手工焊接工具有电烙铁、热风拆焊台等。在工业自动化生产线中，针对不同的安装工艺要求，使用的焊接仪器有波峰焊接机、再流焊接机、焊接机器人等。

（二）手工焊接工具

手工焊接工具包括电烙铁、热风拆焊台和辅助焊接工具等，下面主要介绍电烙铁的结构、种类和使用。

1. 电烙铁的结构和种类

手工焊接最常见的工具是电烙铁，电烙铁的种类很多，尤其是随着焊接技术的不断提高，不同功能的新型电烙铁相继出现。电烙铁主要由手柄、连接杆、弹簧夹、加热芯、烙铁头组成。其中，加热芯是电烙铁的核心部件，负责将电能转换为热能。按照其加热机制的不同，主要分为电阻式加热芯、高频涡流式加热芯和一体式加热芯等。其中电阻式加热芯分内热式和外热式两种。另外，按照焊接应用场合的不同，应选择合适功率的电烙铁和对应形状规格的烙铁头。电烙铁分类如图 3-1-5 所示。

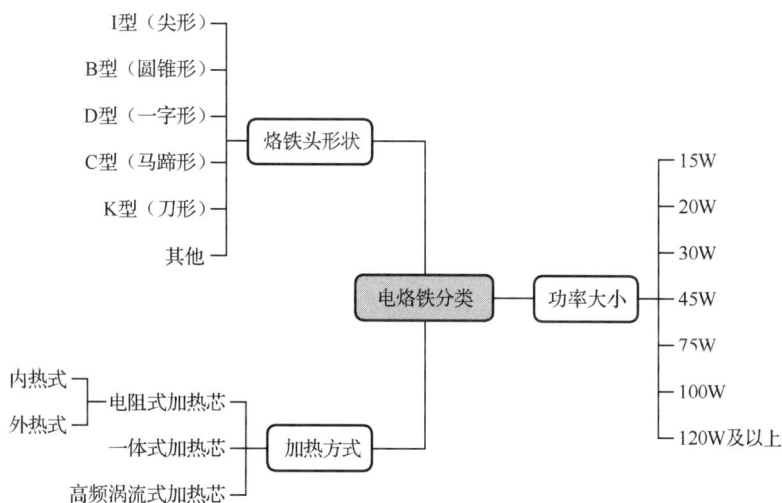

图 3-1-5　电烙铁分类

（1）加热方式。

电阻式加热芯是较为常见的电烙铁加热部件。加热芯和烙铁头为两个独立结构，根据加热芯接触导热的安装方式，电阻式加热芯分为内热式加热芯和外热式加热芯两种，内热式加热芯安装在烙铁头里面，具有质量小、耗电省、体积小、热效率高的特点，其电阻约为 2.5kΩ（20W），烙铁头的温度一般可达 350℃左右，内热式加热芯与电烙铁如图 3-1-6 所示。

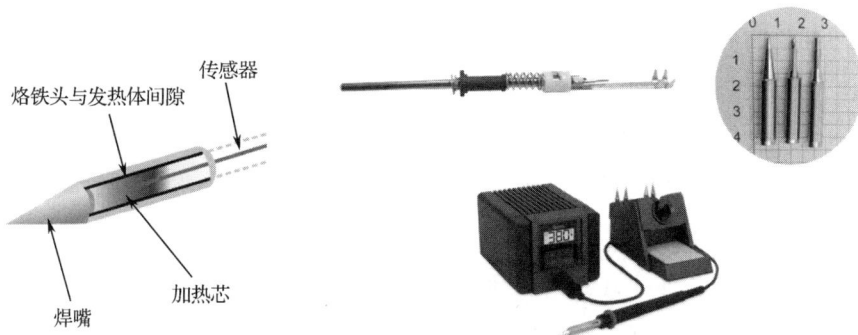

图 3-1-6　内热式加热芯与电烙铁

外热式加热芯包裹在烙铁头外面，它是将电热丝平行地绕制在一根空心瓷管上，中间用云母片绝缘，并引出两根导线与 220V 交流电源连接。外热式电烙铁的烙铁头是用紫铜制成的，作用是储存热量和传导热量。烙铁头的温度与烙铁头的体积、形状、长短等都有一定的关系。外热式电烙铁热利用率较低，一般无温度检测和调节功能，价格较低。外热式电烙铁与加热芯如图 3-1-7 所示。

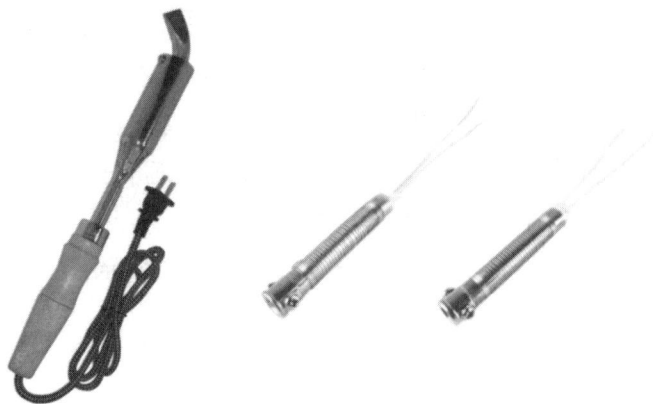

图 3-1-7　外热式电烙铁与加热芯

为提高电烙铁热利用率和寿命，新型的电烙铁采用一体式加热芯。一体式设计解决了热传导效率问题，升温快，从室温加热到 300℃只需 2～5 秒；传感器前置于加热芯顶端，能够快速回温，反馈灵敏，能更加精确地控制温度；插拔式烙铁头，更换更加便捷；一体式加热芯长期保持接地电阻小于 2Ω，减少静电危害。一体式加热芯与智能恒温电烙铁如图 3-1-8 所示。

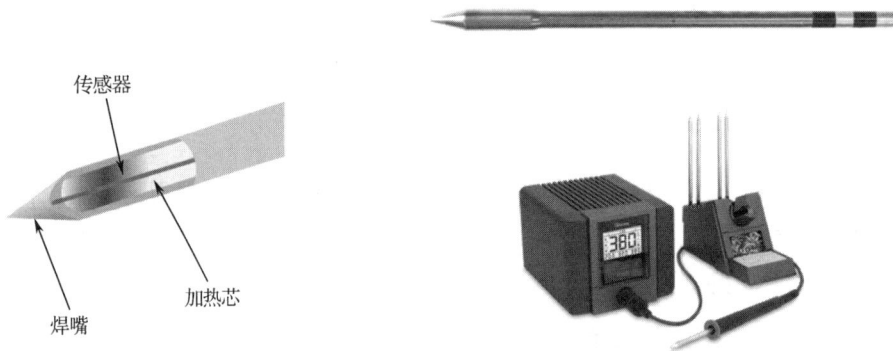

图 3-1-8　一体式加热芯与智能恒温电烙铁

与电阻式加热芯比较，高频涡流式加热芯的原理是感应加热，即利用电磁感应来加热电导体（一般是金属）。烙铁头自身发热，省去了传统加热芯热传递过程，提升升温效率，提升加热芯寿命；分体式设计，耗材使用更少。高频涡流式加热芯和高频涡流电烙铁如图 3-1-9 所示。

（2）烙铁头的材料和形状。

烙铁头的材料主要有铜、铁、铬、锡四种。铜作为导热体，是烙铁头的主要组成部分；铁可起到抗腐蚀作用，可以延长烙铁头的寿命；铬是不沾锡材料，可以防止烙铁头爬锡；锡是烙铁头前端熔锡部位的组成材料。烙铁头的材料组成如图 3-1-10 所示。

传感器

烙铁头本体
产生热能

加热芯线圈

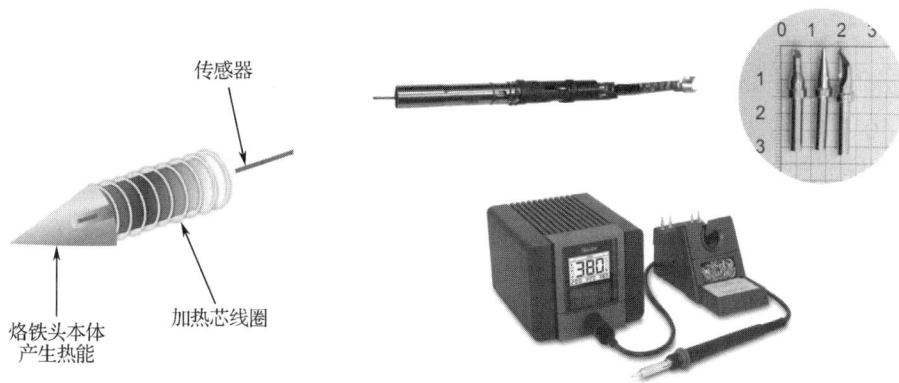

图 3-1-9　高频涡流式加热芯和高频涡流电烙铁

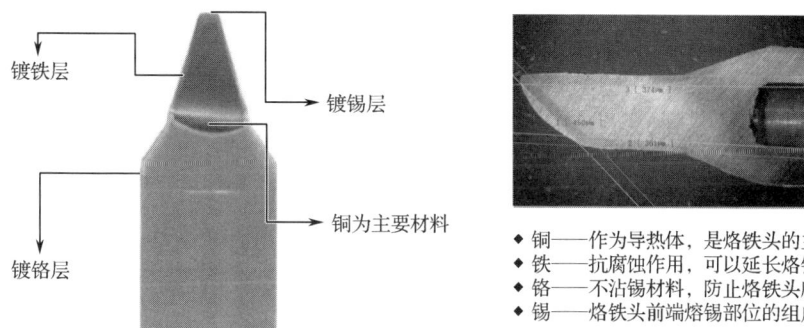

镀铁层

镀锡层

铜为主要材料

镀铬层

◆ 铜——作为导热体，是烙铁头的主要组成部分
◆ 铁——抗腐蚀作用，可以延长烙铁头的寿命
◆ 铬——不沾锡材料，防止烙铁头爬锡
◆ 锡——烙铁头前端熔锡部位的组成材料

图 3-1-10　烙铁头的材料组成

　　根据电子元器件的引脚封装类型不同，使用电烙铁时需要选择不同形状的烙铁头，如对于通孔插装的小功率阻容元件和半导体分立器件，建议选择用圆锥形烙铁头；对于引脚粗和面积大的焊盘，推荐使用马蹄形或刀形烙铁头。常见烙铁头的特点、应用场合及烙铁头形状如表 3-1-2 所示。

表 3-1-2　常见烙铁头的特点、应用场合及烙铁头形状

内容	I型（尖形）	B型（圆锥形）	D型（一字形）	C型（马蹄形）	K型（刀形）
特点	焊嘴前端尖细	B型焊嘴无方向性，整个焊嘴前端均可进行焊接	用焊嘴部分进行焊接	用焊嘴前端斜面部分进行焊接，适合需要多锡量的焊接	用刀形部分进行焊接，竖立或拖焊式焊接均可，属于多用途焊嘴
应用场合	适合精细焊接，或焊接空间狭小的情况，也可以修正焊接芯片时产生的锡桥	适合一般焊接，无论焊点大小，都可使用B型焊嘴	适合需要多锡量的焊接，如面积大、端子粗、焊点大的情况	C型焊嘴应用范围与D型焊嘴相似，适合面积大、粗端子、焊点大的情况	适用于 SOJ、PLCC、SOP、QFP、电源、接地元件，修正锡桥，连接器等焊接
烙铁头形状					

（3）电烙铁的功率。

　　电烙铁的规格是用功率来表示的，常用的规格有 15W、20W、25W、30W、45W、

75W、100W，大功率的电烙铁功率为 120W 及以上。另外，不同结构的电烙铁热效率不同，相同功率的不同结构的电烙铁加热升温时间和热效率不同，例如，20W 内热式电烙铁就相当于 40W 左右的外热式电烙铁。

以电阻式加热芯电烙铁（简称电烙铁）为例，加热芯的阻值不同，其功率也不同。25W 电烙铁加热芯的阻值约为 2kΩ，45W 电烙铁加热芯的阻值约为 1kΩ，75W 电烙铁加热芯的阻值约为 0.6kΩ，100W 电烙铁加热芯的阻值约为 0.5kΩ。因此，使用前可用万用表欧姆挡初步判别电烙铁的好坏及功率的大小。

另外，电烙铁加热时温度范围在 200～480℃之间，根据电烙铁工作时温度是否可控分为普通电烙铁和恒温电烙铁。半导体器件及温度敏感器件、特殊元器件在焊接时，焊接温度不能太高，焊接时间不能过长，否则会因过热而损坏元器件，尤其是在焊接集成电路、晶体管时，常用到恒温电烙铁。

2. 电烙铁的使用方法与注意事项

（1）电烙铁的握法。电烙铁的握法有三种，如图 3-1-11 所示。反握法就是用五个手指把电烙铁的手柄握在掌内。此法适用于大功率电烙铁，焊接散热量较大的被焊件。正握法使用的电烙铁功率也比较大，且多为勾弯形烙铁头。握笔法适用于小功率的电烙铁，焊接散热量小的被焊件，如收音机、电视机电路的焊接和维修等。

（2）新烙铁使用前的处理。新烙铁使用前必须先给烙铁头铺上一层焊锡。具体方法是：当烙铁头温度升至能熔化锡时，将松香涂在烙铁头上，再涂上一层焊锡，直至烙铁头的上锡面铺上一层锡，方可使用。

| （a）反握法 | （b）握笔法 | （c）正握法 |

图 3-1-11　电烙铁的握法

（3）不使用时不宜长时间通电。因为这样容易使电热丝加速氧化而烧断，同时烙铁头也会因长时间加热而氧化，甚至被烧坏不再"吃锡"。

（4）电烙铁在焊接时，最好选用松香焊剂，以保护烙铁头不被腐蚀。烙铁应放在烙铁架上，轻拿轻放，不要将烙铁头上的焊锡乱甩。

（5）更换烙铁芯时要注意引线不要接错。因为电烙铁有三个接线柱，而其中一个是接地的，它直接与外壳相连。若接错引线，可能使电烙铁外壳带电，被焊件也会带电，这样就会发生触电事故。

（6）为了延长烙铁头的使用寿命，首先，应经常用湿布、浸水海绵擦拭烙铁头，以保持烙铁头良好的上锡状态，并可防止残留助焊剂对烙铁头的腐蚀。其次，在进行焊接时，应采用松香或弱酸性助焊剂。最后，在焊接完毕时，烙铁头上的残留焊锡应该继续保留，以防止再次加热时出现氧化层。

为了提高焊接质量，延长烙铁头的使用寿命，目前大量使用合金烙铁头。在正常使用的情况下，其寿命比一般烙铁头要长得多。和紫铜烙铁头使用方法不同的是，合金烙铁头使用时不得用砂纸或锉刀打磨烙铁头。

（三）手工焊接工艺

1. 手工焊接的基本条件

（1）保持清洁的焊接表面是保证焊接质量的先决条件。

如果元器件的引线、各种导线、焊接片、接线柱、印制电路板等表面被氧化或有杂物，一般可用锯条片或小刀反复刮净被焊面的氧化层，用镊子夹取杂物，也可用细砂纸轻轻磨去氧化层；氧化层较少时，可用工业酒精反复涂擦氧化层。

（2）选择合适的焊锡、助焊剂及电烙铁。

通常根据被焊接金属的氧化程度、焊点的大小等来选择不同种类的助焊剂。如果被焊接金属氧化程度较为严重或焊点较大，可选用酒精助焊剂，而对于氧化程度较轻或焊点较小，则选用中性助焊剂。

根据焊点的形状、热容量选用不同功率的电烙铁和烙铁头。对于各种导线、焊接片、接线柱间的焊接及印制电路板上焊盘等较大的焊点，一般选用较大功率的电烙铁；而对于一般焊点，则选用较小功率的电烙铁，如 25W、30W 等。

（3）焊接时要有一定的焊接温度。

热量是进行焊接不可缺少的条件，适当的焊接温度对形成一个好的焊点是非常关键的。焊接时温度过高则焊点发白、无金属光泽、表面粗糙；温度过低则焊锡未流满焊盘，造成虚焊。

（4）焊接的时间要适当。

焊接时间的长短对于焊接也很重要。加热时间过长可能会造成元器件损坏、焊接缺陷及印制电路板上的铜箔脱落；加热时间过短则容易出现冷焊、焊点表面有裂缝和元器件松动等问题。所以，应根据被焊件的形状、大小和性质来确定焊接时间。

2. 手工焊接的基本步骤

为了保证焊接质量，手工焊接的步骤一般要根据被焊件的热容量大小来决定，通常采用焊接五步操作法。如图 3-1-12 所示。

第一步，准备。准备好锡丝和电烙铁，此时要特别强调的是烙铁头要保持干净，即可以沾上焊锡（俗称"吃锡"）。左手拿锡丝，右手拿电烙铁对准焊接部位，如图 3-1-12（a）所示。

第二步，预热工件。将烙铁头接触焊点，注意首先要用电烙铁加热焊件的各个部分，如元器件引线和基板焊盘都要受热;其次要让烙铁头的扁平部分接触热容量较大的焊件，烙铁头的侧面或边缘部分接触热容量较小的焊件，如图 3-1-12（b）所示。

第三步，熔化锡丝。当焊区加热到能熔化焊料的温度后将锡丝置于焊点处，焊料要加在烙铁头和连接部位的接合处，焊料要适量，如图 3-1-12（c）所示。锡丝应该带动熔融的焊料移动到烙铁头的对面，保证焊料覆盖住连接部位并形成半弓状向下凹的焊点形状。对于基板通孔，应使焊料从基板通孔的焊接侧流向元器件一侧，保证通孔被焊料润湿并填充。焊点允许有轻微凹陷，但凹陷量应小于包括基板两面焊盘厚度在内的板厚的25%，焊点润湿状态必须良好。

第四步，移动锡丝。当熔化一定量的焊料后将锡丝移开，如图3-1-12（d）所示。

第五步，撤离。当焊料完全润湿焊点后移开电烙铁，注意电烙铁的撤离角度大致为45°，如图3-1-12（e）所示。

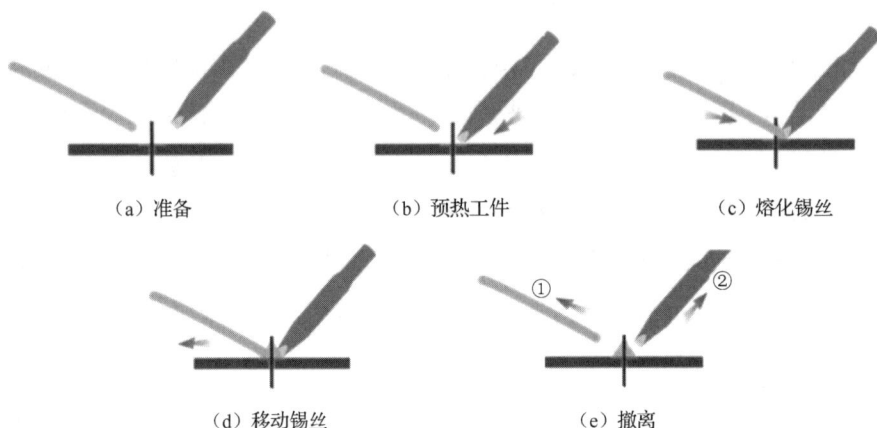

（a）准备　　　　　　（b）预热工件　　　　　　（c）熔化锡丝

（d）移动锡丝　　　　　　　（e）撤离

图3-1-12　焊接五步操作法

3. 焊接操作手法

（1）采用正确的加热方法。

根据焊件形状选用不同的烙铁头，尽量要让烙铁头与焊件形成面接触而不是点接触或线接触，这样能大大提高效率。不要用烙铁头对焊件加力，这样会加速烙铁头的损耗和造成元器件损坏。

（2）加热要靠焊锡桥。

所谓焊锡桥就是靠烙铁上保留少量焊锡作为加热时烙铁头与焊件之间传热的桥梁，但作为焊锡桥的锡保留量不可过多。

（3）采用正确的撤离烙铁方式。

烙铁撤离要及时，而且撤离时的角度和方向对焊点的成型有一定影响。

（4）焊锡量要合适。

焊锡量过多容易造成焊点上焊锡堆积并容易造成短路，且浪费材料。焊锡量过少，容易焊接不牢，使焊件脱落。焊锡量的掌握如图3-1-13所示。

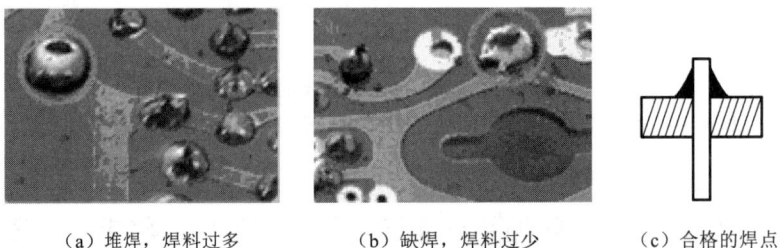

（a）堆焊，焊料过多　　　　　（b）缺焊，焊料过少　　　　　（c）合格的焊点

图3-1-13　焊锡量的掌握

另外，在焊锡凝固之前不要使焊件移动或震动，不要使用过量的焊剂和用已热的烙铁头作为焊料的运载工具。

4. 焊点的要求

一个合格的焊点从外观上看，必须达到以下要求。

（1）焊点形状以焊点的中心为界，左右对称，呈半弓形凹面。

（2）焊料量均匀适当，表面光亮平滑，无毛刺和针孔。

（3）润湿角合适。润湿角指金属表面和熔融焊料交界面的夹角。合格焊点的润湿角 θ 要求为 $30°<\theta\leq90°$，$\theta>90°$ 则焊点不合格，合格焊点和不合格焊点的润湿角对比如图 3-1-14 所示。

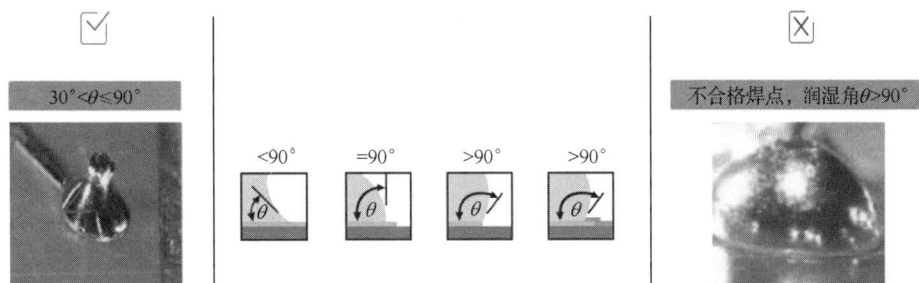

图 3-1-14　合格焊点和不合格焊点的润湿角对比

（4）通孔插装元件，要求焊点透锡率达到 100%，如图 3-1-15 所示。

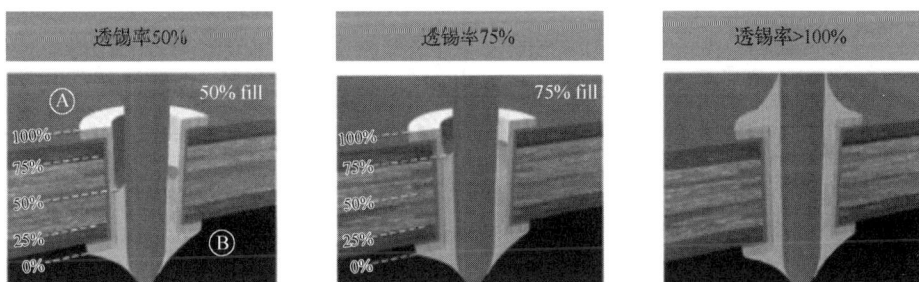

图 3-1-15　通孔插装元件焊接透锡率要求

焊接中常见的焊点缺陷如图 3-1-16 所示。

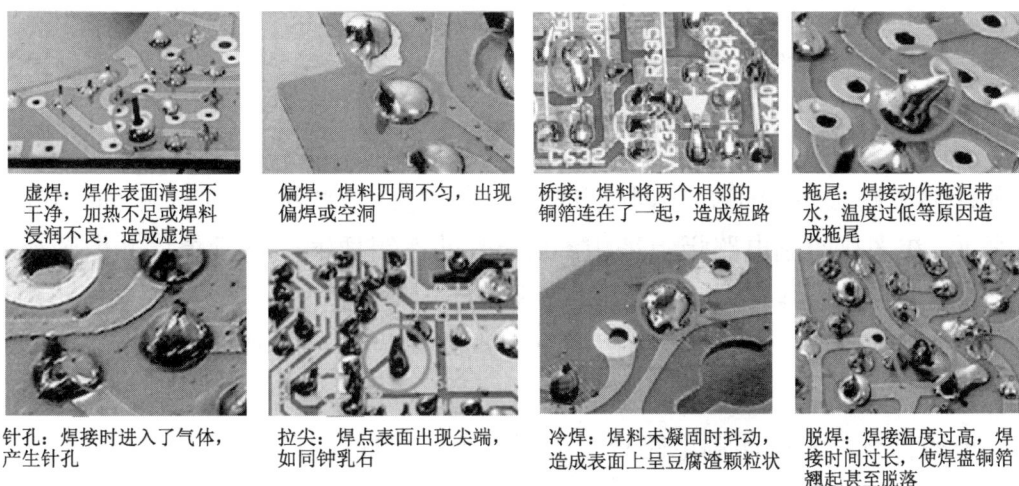

虚焊：焊件表面清理不干净，加热不足或焊料浸润不良，造成虚焊

偏焊：焊料四周不匀，出现偏焊或空洞

桥接：焊料将两个相邻的铜箔连在了一起，造成短路

拖尾：焊接动作拖泥带水，温度过低等原因造成拖尾

针孔：焊接时进入了气体，产生针孔

拉尖：焊点表面出现尖端，如同钟乳石

冷焊：焊料未凝固时抖动，造成表面上呈豆腐渣颗粒状

脱焊：焊接温度过高，焊接时间过长，使焊盘铜箔翘起甚至脱落

图 3-1-16　常见的焊点缺陷图示

技能训练

（一）训练内容

手工焊接训练。

（二）训练器材

依据教育部 1+X《电子装联职业技能等级标准》，在开展电子电路元件安装焊接之前，需要为焊接做一些焊前准备，主要包括工具准备、材料准备、作业准备。

（1）工具准备。一般电子手工焊接需要准备以下工具：防静电服、防静电鞋、防静电手套、防静电手腕带、防静电桌、恒温焊台或电烙铁、镊子、剪钳、无尘布、助焊剂、清洗器等。工具、仪器、材料见表3-1-3。

表 3-1-3　工具、仪器、材料

工具、仪器	材料
恒温焊台或电烙铁一把	无尘布
尖嘴钳一把	助焊剂
斜口钳一把	清洗器等
镊子一只	含有1000个孔的多孔印制电路板一块
防静电服、防静电鞋、防静电手套	镀锡裸铜丝若干
防静电手腕带	

（2）材料准备。焊接材料除了焊接使用的 PCB 和各类元器件，还包括各种直径的锡丝。锡丝直径的选择会影响焊点的大小，通常选择小于焊盘 1/2 的直径，太细的锡丝加锡时间过长，导致焊接时间太长，从而引起焊盘脱落、助焊剂挥发、焊点不光滑等问题；太粗的锡丝熔化时不易掌握吸量，容易导致焊点大小不一致。锡丝从材料上主要分为有铅锡丝和无铅锡丝。

（3）作业准备。在正式焊接前，需要穿戴好防静电服、防静电鞋、防静电手套，同时打开恒温焊台，根据焊接产品和焊料的特性将温度设定为 320～380℃，通常无铅焊接比有铅焊接温度设置高约 30℃。

（三）训练步骤

多孔印制电路板可用于焊接训练和搭建实训电路，如图 3-1-17（正面）和图 3-1-18（反面）所示。在多孔印制电路板上采用 ϕ0.5mm 的镀锡裸铜丝进行焊接并做到如下要求。

（1）镀锡裸铜丝挺直，整个走线呈直线状态，弯角呈 90°。

（2）焊点要圆润、光滑，焊锡适中，焊点均匀一致，导线与焊盘融为一体，没有虚焊。

（3）镀锡裸铜丝紧贴印制电路板，不得拱前、弯曲。

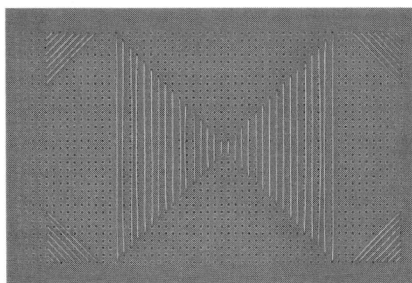

图 3-1-17　多孔印制电路板正面　　　　图 3-1-18　多孔印制电路板反面

学生焊接练习完成后，可根据学生焊接练习的情况将焊接连线拆除，利用未焊接的焊盘进行类似的焊接训练，直到焊完所用的焊盘。

（四）知识拓展

锡焊辅助工艺

电子产品工业自动化生产中，为提高电子元器件焊接工艺的质量，采用氮气、破锡、预热等三种锡焊辅助工艺，如图 3-1-19 所示。

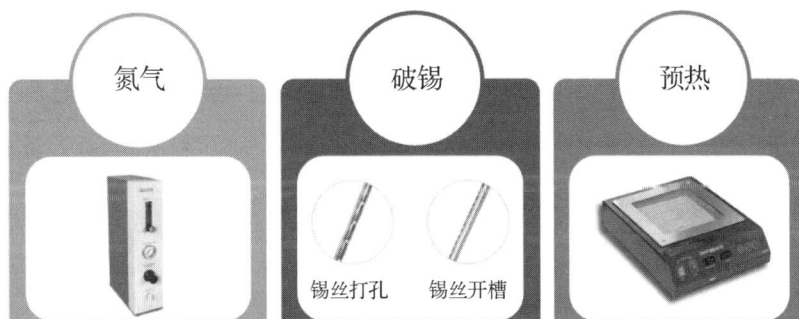

图 3-1-19　锡焊辅助工艺

氮气能有效隔离氧气，防止焊锡和烙铁头氧化，不仅起到预热作用同时可以提高焊接品质。氮气工艺如图 3-1-20 所示。

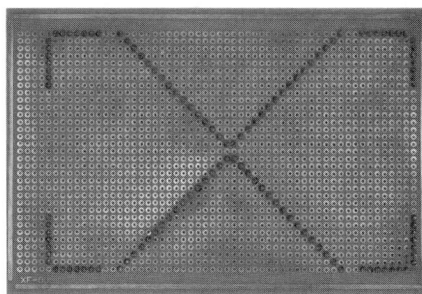

图 3-1-20　氮气工艺

微孔破锡及可选锡丝预热装置使助焊剂在加热时气化及溢出，有效地减少"锡爆"现象的产生，大幅度降低锡球的出现，避免焊接锡珠的产生和飞溅，使焊接面非常洁净。破锡工艺和设备如图 3-1-21 所示，使用破锡前后的焊点对比如图 3-1-22 所示。

刀片破锡效果　　　　锯片破锡效果

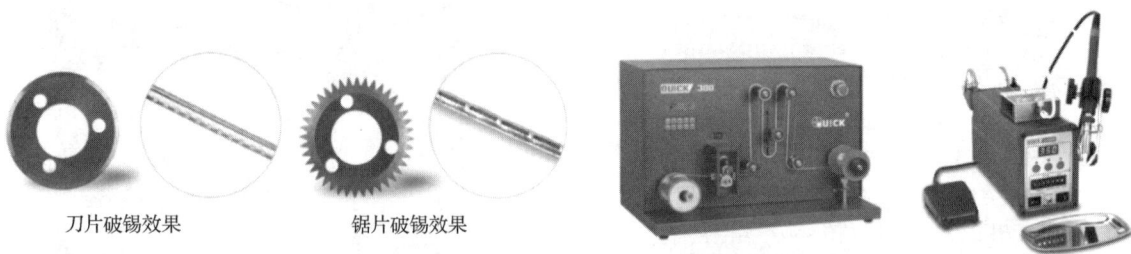

图 3-1-21　破锡工艺和设备

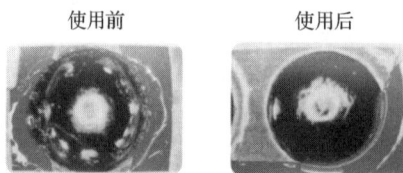

使用前　　　　　使用后

图 3-1-22　使用破锡前后的焊点对比

非接触式的红外预热，可适用于需要整体均匀加热的工艺场合，提高焊接效率，目前广泛应用于大热容量 PCB 高效焊接的解决方案。预热工艺的优势对比如图 3-1-23 所示。

送锡，焊盘易过热

等待焊盘受热充分，再次送锡，形成满意焊点

VS

PCB预热充分，连续送锡

底部预热模组

未预热
◆ 焊接时间长
◆ 品质难控制
◆ 焊盘容易局部过热

预热后
◆ 难度大大降低
◆ 较少的质量缺陷
◆ 难度小，效率高，人员要求低

图 3-1-23　预热工艺的优势对比

（五）技能评价

多孔印制电路板镀锡裸铜丝焊接技能训练评价详见"工作活页"。

任务二　印制电路板插装、焊接技能

一、学习目标

1. 了解印制电路板的种类、技术术语；
2. 掌握印制电路板的插装、焊接技能。

二、工作任务

印制电路板的插装、焊接基本技能训练。

三、实践操作

基础知识

（一）印制电路板概述

1. 印制电路板种类

印制电路板的种类较多，一般按结构可分为单面印制电路板、双面印制电路板、多层印制电路板和软性印制电路板 4 种。

2. 印制电路板的技术术语

焊盘：在印制电路板上用于焊装元器件的连接点。

冲切孔：印制电路板上除焊盘孔外的洞和孔。它可以安装零部件、紧固件、橡塑件及进行导线穿孔等。

印制电路板正面：单面印制电路板中，安装元器件、零部件的一面，如图 3-2-1（a）所示。

印制电路板反面：单面印制电路板中，铜箔板的一面，如图 3-2-1（b）所示。

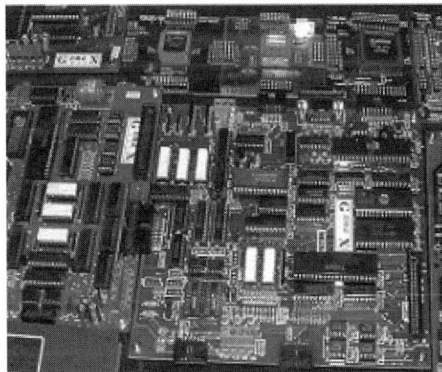

（a）印制电路板正面   （b）印制电路板反面

图 3-2-1　印制电路板外形

（二）印制电路板插装、焊接基本技能

1. 印制电路板元器件插装工艺要求

（1）元器件在印制电路板上的分布应尽量均匀，疏密一致，排列整齐美观，不允许斜排，立体交叉和重叠排列。

（2）安装顺序一般为先低后高，先轻后重，先易后难，先一般元器件后特殊元器件。

（3）有安装高度的元器件要符合规定要求，统一规格的元器件尽量安装在同一高度上。

（4）有极性的元器件，安装前可以套上相应的套管，安装时极性不得插错。

（5）元器件引线直径与印制电路板焊盘孔径应有 0.2～0.4mm 的合理间隙。

（6）元器件一般应布置在印制电路板的同一面，元器件外壳或引线不得相碰，要保证 0.5～1mm 的安全间隙。无法避免接触时，应套绝缘套管。

（7）安装较大元器件时，应采取黏固措施。

（8）安装发热元器件时，要与印制电路板保持一定的距离，不允许贴板安装。

（9）安装热敏元器件时，要远离发热元件。安装变压器等电感器件时，要做到减小对邻近元器件的干扰。

2. 电子元器件的成型

在电子实训中，印制电路板上所有电子元器件在插装前都要按插装工艺要求进行成型。

1）电阻器的成型

立式插装电阻器在成型时，先用镊子将电阻器两引线拉直，然后再用镊子弯成两处直角即可，注意要将阻值色环向上，如图 3-2-2（a）所示。卧式插装电阻器在成型时，同样先用镊子将电阻器两引线拉直，然后根据插装的孔距利用镊子将电阻器本体两侧引线均等弯成直角，注意折弯处与电阻器本体距离不得小于 1mm，如图 3-2-2（b）所示。

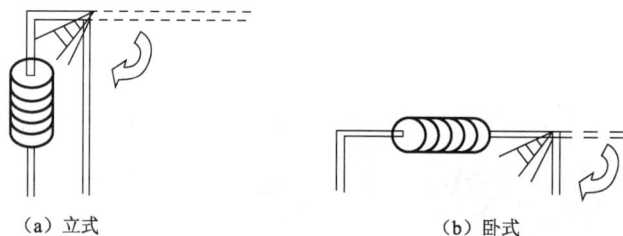

（a）立式　　　　　　　　（b）卧式

图 3-2-2　电阻器的成型

2）电容器的成型

瓷片电容器成型时，先用镊子将电容器的引线拉直，然后再向外弯成合适的倾斜角度即可；电解电容器成型时，用镊子将电容器的两根引线拉直即可；体积较小的电容器需根据插装的孔距在离电容器本体约 5mm 处分别将两引线弯成直角，如图 3-2-3（a）所示。

体积较大的电解电容器一般为卧式插装。成型时，先用镊子将电容器的引线拉直，然后用镊子或成型钳在离电容器本体约 5mm 处分别将两引线向外弯成直角，如图 3-2-3（b）所示。

（a）立式　　　　　　　　（b）卧式

图 3-2-3　电容器的成型

3）晶体二极管的成型

立式插装晶体二极管在成型时，先用镊子将晶体二极管电极两头拉直，然后再用镊子将塑封晶体二极管的负极（标记向上）电极弯成两处直角；玻璃封装晶体二极管在成型时，须在距离晶体二极管本体（标记向上）约2mm处，将其电极弯成直角，如图3-2-4（a）所示。

卧式插装晶体二极管在成型时，先用镊子将晶体二极管两电极拉直，然后根据插装的孔距，用镊子将晶体二极管本体两侧电极均等弯成直角，注意折弯处与晶体二极管本体距离不得小于1mm，如图3-2-4（b）所示。

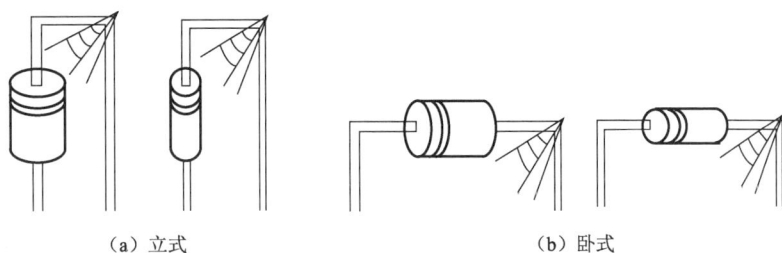

（a）立式　　　　　　　　（b）卧式

图 3-2-4　晶体二极管的成型

4）晶体三极管的成型

直排式插装晶体三极管在成型时，先用镊子将晶体三极管的3根电极拉直，再分别将两电极在同一平面向左、向右弯成合适的倾斜角度，如图3-2-5所示。

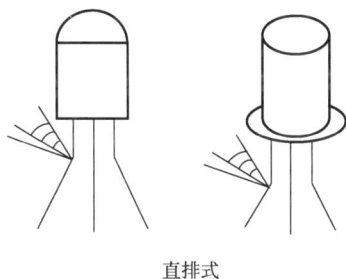

直排式

图 3-2-5　晶体三极管的成型

3. 元器件的插装、焊接方法

严格按照装配工艺图纸要求对元器件进行插装、焊接。不同的元器件插装、焊接方法如下。

1）电阻器的插装、焊接

电阻器卧式插装、焊接时，应贴紧印制电路板，并应注意将电阻器的阻值色环或直标法的标志向外，同规格电阻器色环方向排列一致。

电阻器立式插装、焊接时，应使电阻器离开印制电路板1～2mm，并应注意将电阻器的阻值色环向上，同规格电阻器色环方向排列一致。

2）晶体二极管的插装、焊接

晶体二极管卧式插装、焊接时，应使晶体二极管离开印制电路板3～5mm，并应注意晶体二极管正、负极位置不能插错，同规格的晶体二极管标记方向排列一致。

晶体二极管立式插装、焊接时，应使晶体二极管离开印制电路板2～4mm，并应注意晶体二极管正、负极位置不能插错，有标记的一面一般向上。

3）电容器的插装、焊接

插装、焊接瓷片电容器时，应使电容器离开印制电路板2～4mm，并应注意将标记面向外，同规格电容器应排列整齐、高低一致。

插装、焊接电解电容时，应使电容器离开印制电路板 1～2mm，并应注意电解电容器的极性不能插错，同规格电容器应排列整齐、高低一致。

4）晶体三极管的插装、焊接

插装、焊接晶体三极管时，应使晶体三极管（并排、跨排）离开印制电路板 4～6mm，并应注意晶体三极管的引脚极性不能插错，同规格晶体三极管应排列整齐、高低一致。

5）集成电路插座的插装、焊接

插装、焊接集成电路插座时，应使其紧贴印制电路板，焊接时应按 1 引脚、14 引脚或 16 引脚的顺序焊接。

技能训练

（一）训练内容

多孔印制电路板电子元器件插装与焊接技能训练。

（二）训练器材

工具、材料、元器件如表 3-2-1 和表 3-2-2 所示。

表 3-2-1 工具、材料

工具	材料
恒温焊台或电烙铁一把	含有 1000 个孔的多孔印制电路板一块
尖嘴钳一把	焊接训练所用元器件详见表 3-2-2
斜口钳一把	
镊子一只	

表 3-2-2 焊接训练所用元器件

名称	型号规格	数量	位号
电阻器	1/4W 5.1kΩ	8	R_1～R_8
	1/4W 10kΩ	18	R_9～R_{26}
瓷片电容器	101	8	C_9～C_{17}
	103	8	C_{18}～C_{26}
电解电容器	10μF	8	C_1～C_8
二极管	4148（玻封）	8	VD_1～VD_8
	1N4007（塑封）	4	VD_9～VD_{12}
发光二极管	φ7（红、绿）	各 1	VL_1～VL_2
三极管	9013（塑封）	4	VT_1～VT_4
集成电路插座	DIP16	2	IT_1～IT_2

（三）训练步骤

（1）按照多孔印制电路板元器件插装、焊接要求进行电子元器件成型、插装。

（2）在多孔印制电路板上按图 3-2-6 所示进行插装、焊接训练。多孔印制电路板焊接训练电路板的反面如图 3-2-7 所示。

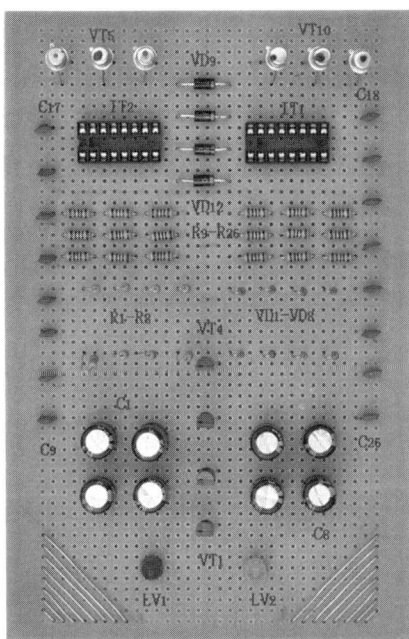

图 3-2-6　多孔印制电路板插装、
焊接训练电路板正面

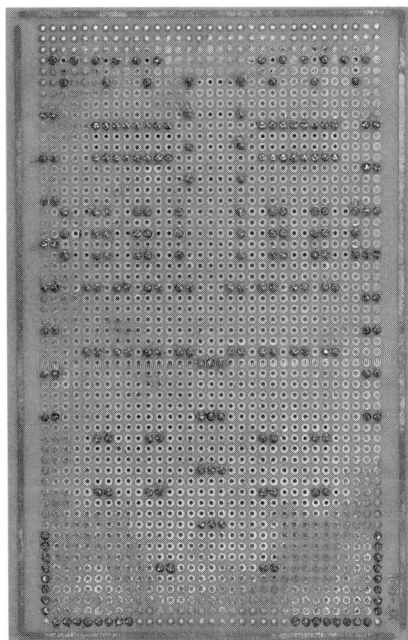

图 3-2-7　多孔印制电路板插装、
焊接训练电路板反面

多孔印制电路板插装、焊接镀锡裸铜丝和电子元器件工艺要求如下。

（1）镀锡裸铜丝的焊接。

应将镀锡裸铜丝紧贴电路板插装焊接，不得拱前、弯曲。

（2）电阻器的焊接。

电阻器 $R_1 \sim R_8$ 为 5.1kΩ 立式插装；电阻器 $R_9 \sim R_{26}$ 为 10kΩ 卧式插装。

卧式电阻器紧贴电路板插装焊接，立式电阻器离开电路板 1～2mm 插装焊接，电阻器应排列整齐、高低一致。

（3）电容器的焊接。

瓷片电容器 $C_9 \sim C_{17}$ 容量为 100pF，立式插装；瓷片电容器 $C_{18} \sim C_{26}$ 容量为 0.01μF，立式插装；电解电容器 $C_1 \sim C_8$ 容量为 10μF，立式插装。

（4）晶体二极管的焊接。

$VD_1 \sim VD_8$ 为玻封晶体二极管，立式插装；$VD_9 \sim VD_{12}$ 为塑封晶体二极管，卧式插装；VL_1、VL_2 为塑封发光晶体二极管，立式插装。

（5）晶体三极管的焊接。

$VT_1 \sim VT_4$ 为塑封晶体三极管，直排式插装。

（6）集成电路插座的焊接。

集成电路插座 IT_1、IT_2 为双列直插型 16 芯插座。集成电路插座紧贴电路板焊接。

（7）实训指导评分。填写插装和焊接技能训练评价表，并总结经验。

（四）知识拓展

表面安装技术（SMT）应用简介

SMT（Surface Mount Technology，表面安装技术）是利用锡膏印制机、贴片机、回流焊等专业自动组装设备将表面安装器件 SMD（Surface Mount Device），主要包括电阻器、电容器、电感器等直接贴焊到电路板表面的一种电子接装技术，是目前电子组装行业里非常流行的一种技术和工艺。计算机、手机、打印机、MP4、数码影像设备、功能强大的高科技控制系统等都是采用 SMT 技术生产出来的，是现代电子制造的核心技术。

由表面安装技术（SMT）生产的印制电路板如图 3-2-8 所示。

图 3-2-8　由表面安装技术（SMT）生产的印制电路板

采用 SMT 的安装方法和工艺过程完全不同于通孔插装器件 THD（Through Hole Device）的安装方法和工艺过程。目前，在应用 SMT 的电子产品中，有一些是全部使用 SMD 的电路，但还可见到所谓的"混装工艺"，即在同一块印制电路板上，既有通孔插装元器件，又有表面安装元器件。

三种采用 SMT 的装配结构如下。

（1）第一种装配结构：全部采用表面安装。

印制电路板上没有通孔插装器件，各种 SMD 被贴装在电路板的一面或两侧，如图 3-2-9（a）所示。

（2）第二种装配结构：双面混合安装。

如图 3-2-9（b）所示，在印制电路板的 A 面（也称"元件面"）上，既有 THD，又有各种 SMD；在印制电路板的 B 面（也称"焊接面"）上，只装配体积较小的 SMD。

（3）第三种装配结构：两面分别安装。

在印制电路板的 A 面只安装 THD，而小型的 SMD 贴装在印制电路板的 B 面，如图 3-2-9（c）所示。

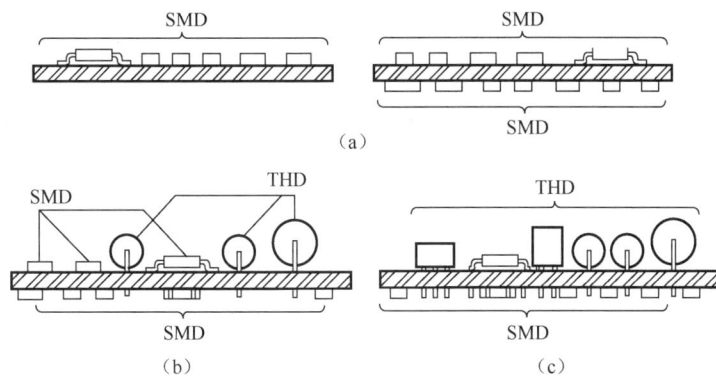

图 3-2-9　三种采用 SMT 的装配结构示意图

第一种装配结构能够充分体现 SMT 的技术优势，这种印制电路板价格最便宜、体积最小。当然，后两种混合装配的印制电路板也具有很好的前景，因为它们不仅发挥了 SMT 的优点，同时还可以解决某些元件不能采用表面装配形式的问题。

（五）技能评价

多孔印制电路板插装和焊接技能训练评价详见"工作活页"。

任务三　手工返修拆焊技能

一、学习目标

1．认识锡焊工艺质量检测中的人工目视检查基本知识；
2．学习手工返修拆焊工具的使用；
3．掌握印制电路板人工目视检查与电路返修拆焊技能。

二、工作任务

印制电路板返修拆焊基本技能训练。

三、实践操作

基础知识

（一）锡焊工艺质量检测

电子产品焊接工艺质量的检测是判断电子产品是否合格及是否存在缺陷的方法，包括外观视觉检测、导通测试和老化测试等，其中外观视觉检测最为直观快速。外观视觉检测可以采用人工目视检查（简称目视检查）或机器视觉自动检查。人工目视检查是印制电路板组装过程中普遍采用的一种检查方式，可以发现组装缺陷、提升产品的质量和可靠性，人工目视检查工作场景如图 3-3-1 所示。

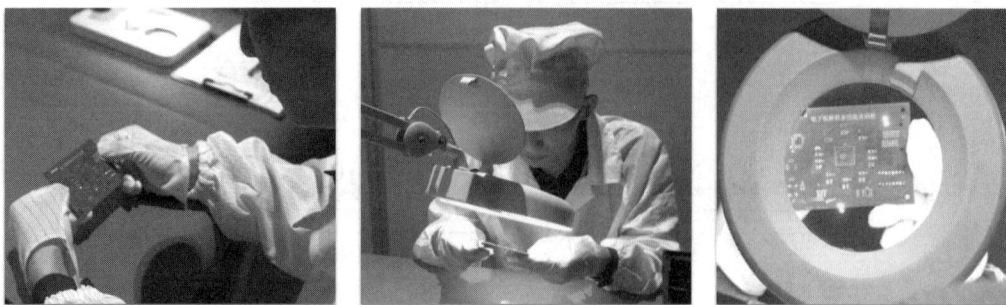

图 3-3-1 人工目视检查工作场景

采用放大镜、显微镜、罩板等辅助工具，对电子产品中的印制电路板组件进行焊后目视检查。目视检查主要用到的工治具如图 3-3-2 所示。焊盘尺寸与放大镜（显微镜）的选择可参考表 3-3-1。

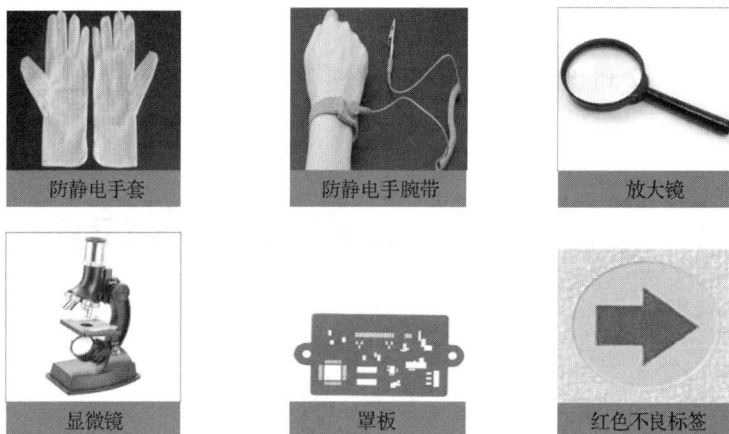

图 3-3-2 目视检查主要用到的工治具

表 3-3-1 焊盘尺寸与放大镜（显微镜）的选择

焊盘宽度或焊盘直径	放大倍数		备注
	检查放大范围	仲裁放大倍数	
>1.0mm	1.5～3 倍	4 倍	仲裁放大倍数仅用于检查放大倍数下被拒收的产品的确认
>0.5～≤1.0mm	3～7.5 倍	10 倍	
≥0.25～≤0.5mm	7.5～10 倍	20 倍	
<0.25mm	20 倍	40 倍	

在"项目三 任务一 手工焊接技能"中已介绍手工焊接工艺中通孔插装焊接工艺焊点的要求。焊接工艺常见缺陷与不良类型主要包括缺件、偏移、少锡、多锡、空焊、虚焊、错件、连锡、极性、翻件、侧立、锡珠、翘脚等，这些均可以通过目视检查来识别，目视检查的元素除了电路板上所有元器件，还有熔断器和连接器接口等。需要注意的是电解电容二极管和三极管等元件需要检查极性，以判定是否存在极性反向。如果表面贴装元器件出现少锡、多锡、空焊、虚焊、气泡等情况，则需要在 X-射线下进行检测，

人工目视无法检查。通孔插装焊接工艺常见缺陷如图 3-3-3 所示,SMT 常见缺陷如图 3-3-4 所示。

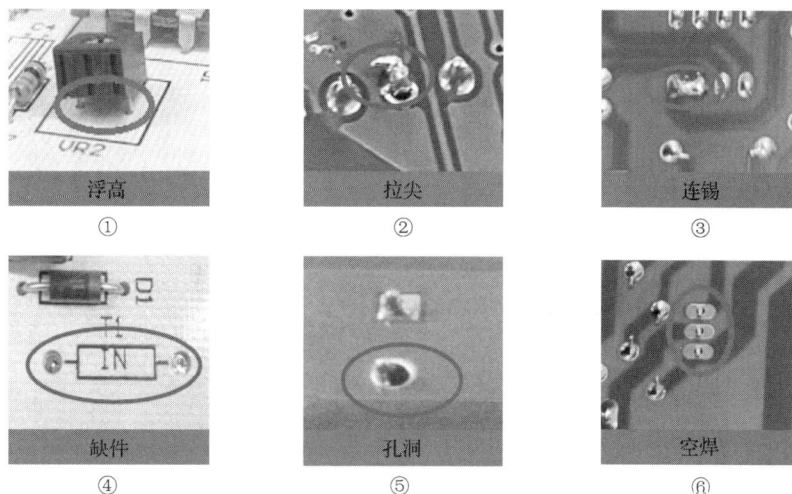

图 3-3-3　通孔插装焊接工艺常见缺陷

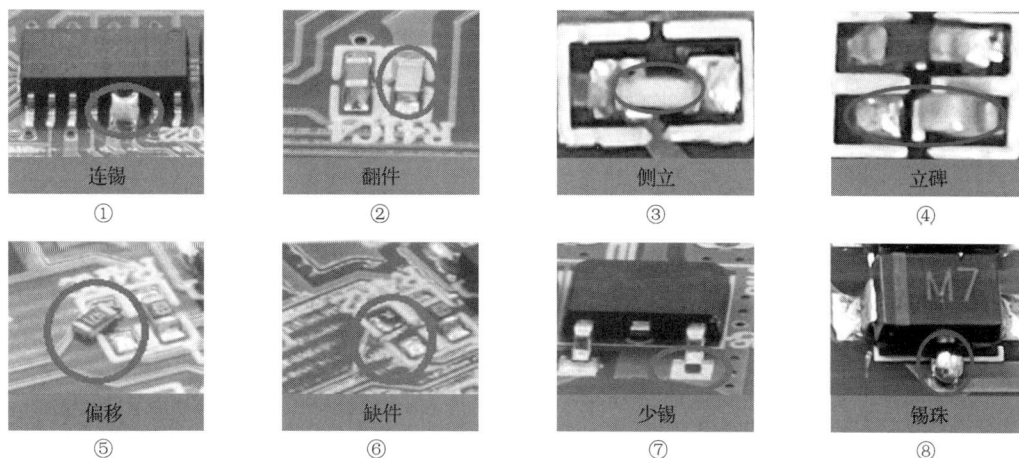

图 3-3-4　SMT 常见缺陷

目视检查是机器视觉自动检查的前提,其优点是简便、快捷,不需要特别的仪器做辅助,成本低。其缺点是检查结果受人为因素影响,不稳定;对于产品复杂、尺寸小、引脚间距密的元件,误检、漏检率较高;目视检查判定标准很难统一;检查信息不能自动保存,无法查询,无法实现质量追溯。在工业生产中,常采用自动光学检查(AOI),可在本任务拓展知识中了解学习。

(二)印制电路板元器件拆焊返修设备

(1)热风拆焊台。

热风拆焊台是一种贴片元器件和贴片集成电路拆焊、焊接工具,主要由气泵、线性电路板、气流稳定器、外壳、手柄组成。热风拆焊台如图 3-3-5 所示,其具有噪声小、气流稳定、风流量较大(一般为 27L/min)等特点。温度调节范围为 100～480℃。热风拆焊台的使用也较为简单,拆焊时只需调节好温度、风力和风数即可,是拆焊焊点密集元器件的有效工具。热风拆焊台在使用前一定要注意拆下机身底部的红色螺钉,热风拆焊台在第一次使用时可能会冒白烟，属于正常现象。适应不同元器件和场合的风嘴如图 3-3-6 所示。

通用风嘴　　SOP风嘴

QFP风嘴　　定制风嘴加热引脚

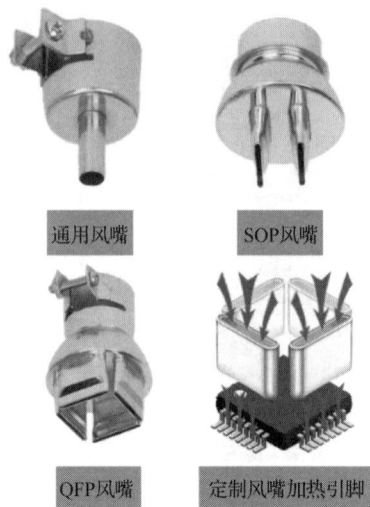

图 3-3-5　热风拆焊台　　　　图 3-3-6　适应不同元器件和场合的风嘴

（2）吸锡枪（吸锡器）。

吸锡枪具有吸力强、能连续吸锡等特点，且操作方便、工作效率高。电动恒温吸锡器外观及吸锡拆焊过程如图 3-3-7 所示。吸锡枪工作时，吸锡头的温度达 350℃以上。当焊锡熔化后，扣动扳机，真空泵产生的负气压将焊锡瞬间吸入容锡室。因此，吸锡头温度和吸力是影响吸锡效果的两个因素。吸锡枪主要用于平面除锡以及通孔器件除锡。吸锡枪使用步骤如下。

① 吸锡枪熔化焊料：将吸锡枪套在焊点上，熔化焊点焊料。

② 吸除焊锡：待焊盘焊锡已全部被熔化后，按下吸锡器红色开关（扳机），即可吸入焊锡。

③ 清理干净通孔残锡。

④ 清理残锡后，可以冷却焊点，以防止焊锡再次熔化。

（a）电动恒温吸锡器外观　　　　　（b）吸锡拆焊过程

图 3-3-7　电动恒温吸锡器外观及吸锡拆焊过程

（3）预热平台与返修支架。

预热平台通常有热风型、红外型和金属接触式三种。金属接触式预热平台加热采用电阻式加热芯，铝制导热板，热传递效率高，对于 PCB 背面有平整度要求，适合大热容量电子线路的辅助预热，配合使用电烙铁焊接，可以弥补普通电烙铁热量不足的问题。

红外型预热平台采用远红外加热原理，采用非接触式加热方式，预热面积较大，加热较均匀，比较适合大尺寸 PCB。热风型预热平台热传递效率高，预热速度快，比较适合小型 PCB 及手机类产品。预热平台如图 3-3-8 所示。

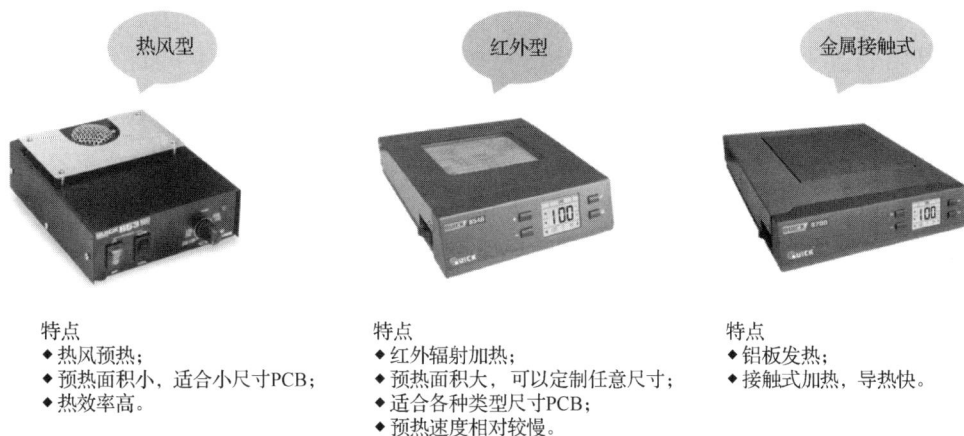

热风型

红外型

金属接触式

特点
◆ 热风预热；
◆ 预热面积小，适合小尺寸PCB；
◆ 热效率高。

特点
◆ 红外辐射加热；
◆ 预热面积大，可以定制任意尺寸；
◆ 适合各种类型尺寸PCB；
◆ 预热速度相对较慢。

特点
◆ 铝板发热；
◆ 接触式加热，导热快。

图 3-3-8 预热平台

在 SMD 贴片元件返修时，通常将预热平台与热风拆焊台进行组合使用，底部采用大面积红外预热，顶部采用分段式热风温度设置，使得返修过程的温度更加符合回流炉温度曲线要求。这种方法的优点是可以降低热风拆焊台的温度，防止 PCB 形变，降低返修难度，使返修产品品质更有保障。返修支架如图 3-3-9 所示。

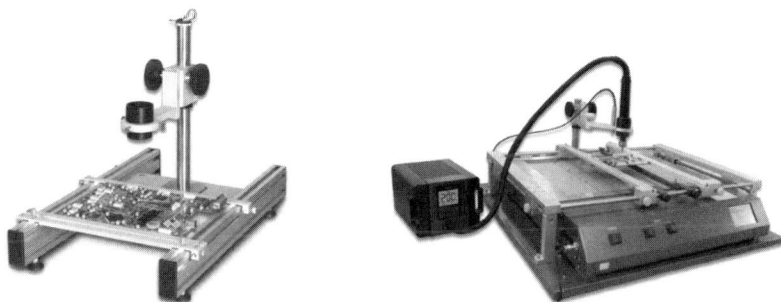

图 3-3-9 返修支架

（三）印制电路板元器件的返修拆焊技巧

在电子产品调试、维修或焊错的情况下，经常需要将印制电路板已焊接处拆除，取下元器件进行更换，这个过程被称为拆焊。拆焊的难度比焊接大得多，拆焊往往容易损坏元器件并且导致印制电路板铜箔脱落、断裂。为了保护印制电路板和元器件在拆卸时不受损坏，需要采用一定的拆焊工艺和专用工具。印制电路板元器件的返修拆焊步骤如图 3-3-10 所示。

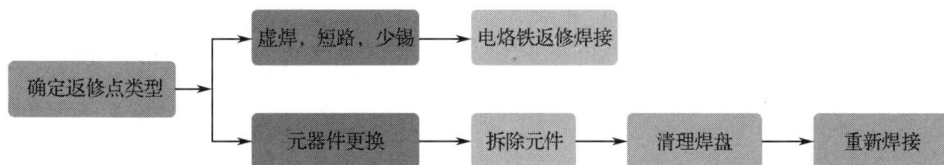

图 3-3-10 印制电路板元器件的返修拆焊步骤

（1）分点拆焊。

对于印制电路板中引线之间焊点距离较大的元器件，拆焊时相对容易，一般采用分点拆焊的方法。具体的操作过程如下。

① 首先固定印制电路板，同时用镊子从元器件面夹住要拆焊元器件的一根引线。

② 用电烙铁对被夹引线上的焊点进行加热，以熔化该焊点上的焊锡。

③ 待焊点上的焊锡全部熔化，将被夹的元器件引线轻轻从焊盘孔中拉出。用烙铁头清除焊盘上多余焊料。分点拆焊的过程如图3-3-11所示。

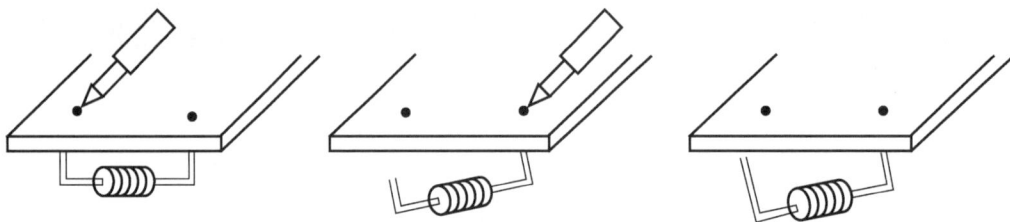

图3-3-11　分点拆焊的过程

（2）用专用吸锡器拆焊。

对于焊锡较多的焊点，可采用专用吸锡器拆焊。拆焊时，专用吸锡器加热和吸锡同时进行。专用吸锡器拆焊如图3-3-12所示。具体的拆焊操作过程如下。

① 吸锡时，根据元器件引线的粗细选用吸锡孔的大小，确保吸锡孔畅通没有堵锡。

② 专用吸锡器通电加热后，调节温度在380℃左右。

③ 吸锡孔垂直对准被吸焊点，待焊点焊锡熔化后，再按下专用吸锡器的吸泵按钮，焊锡即被吸进专用吸锡器中。反复几次，直至元器件从焊点中脱离。

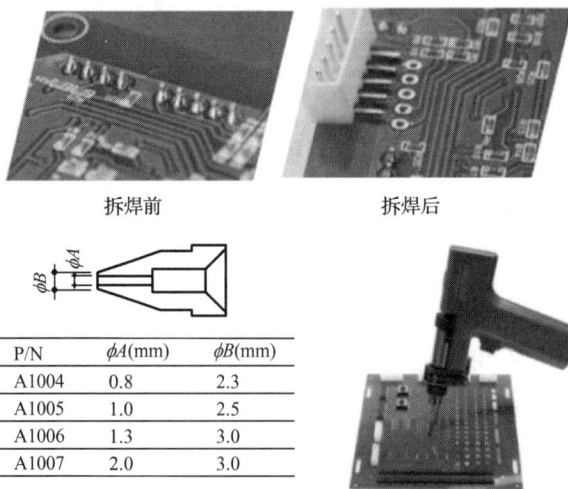

拆焊前　　　　　　拆焊后

P/N	ϕA(mm)	ϕB(mm)
A1004	0.8	2.3
A1005	1.0	2.5
A1006	1.3	3.0
A1007	2.0	3.0

图3-3-12　专用吸锡器拆焊

（3）用热风拆焊台拆焊。

对于采用SMT技术贴片焊接的元器件，可通过热风拆焊台进行拆焊，如图3-3-13所示。

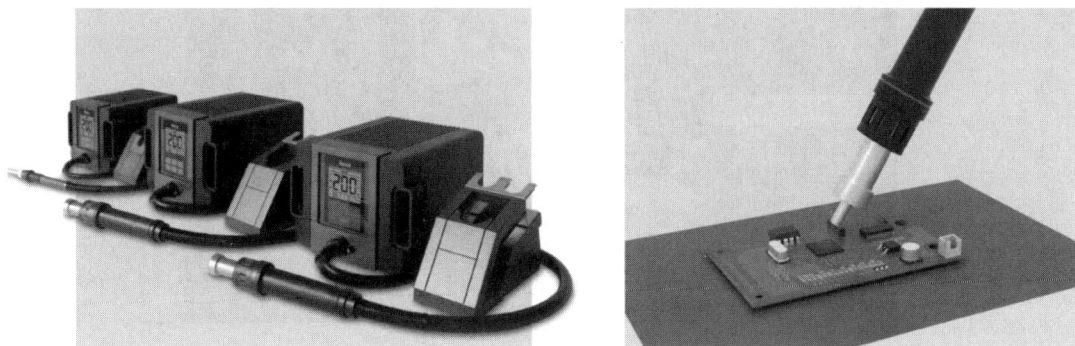

图 3-3-13　热风拆焊台拆焊

📝 技能训练

（一）训练内容

拆焊技能。

（二）训练器材

工具、材料如表 3-3-2 所示。

表 3-3-2　工具、材料

工具	材料
恒温焊台或电烙铁一把	锡丝
热风拆焊台	吸锡带
吸锡器	无尘布
放大镜	助焊剂
镊子	清洁剂
剪钳	元器件
清洁毛刷	

（三）训练步骤

（1）锡焊工艺目视检查。

工作区域做好静电防护。工作台表面的照明至少应该达到 1000lx，色温 3000～5000K（接近于白光），光线柔和不刺眼。双手握持 PCB 边缘，观察 PCB 表面是否有脏污、异物、锡珠、划痕、破损等，如图 3-3-14 所示。

若发现引脚上锡不好或者位置偏移时，用镊子拨动引脚，观察引脚是否松动，无法确定引脚情况时，可以放到显微镜下，观察引脚与焊盘是否连接在一起，如图 3-3-15（a）所示；观察 IC（集成电路）上的极性点，是否与丝印极性标点一致，如图 3-3-15（b）所示；如发现不良情况，在 PCB 上不良处贴上标签，以便维修人员进行维修，如图 3-3-15（c）所示。

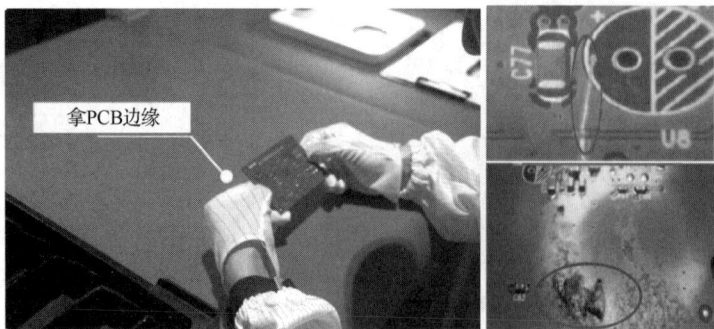

图 3-3-14　锡焊工艺目视检查 1

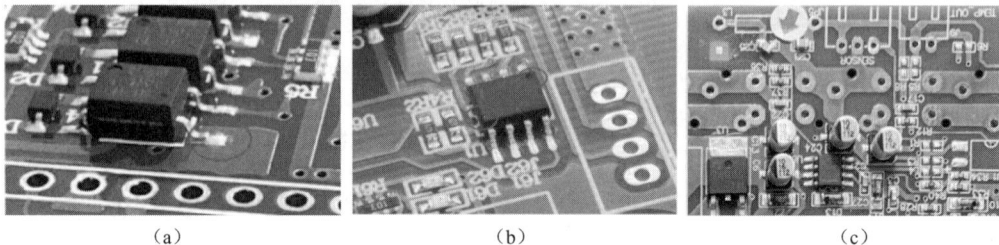

（a）　　　　　　　　　　（b）　　　　　　　　　　（c）

图 3-3-15　锡焊工艺目视检查 2

将上述检查结果填写在表 3-3-3 中。

表 3-3-3　锡焊工艺目视检查记录表

元器件	缺件	偏移	少锡	多锡	空焊	虚焊	错件	连锡	极性	翻件	侧立	锡珠	翘脚
电阻													
电容													
电感													
二极管													
三极管													
IC													
球栅阵列封装													
晶振													
熔断器													
连接器													

（2）焊点返修。

首先用电烙铁和吸锡器拆焊阻容元件、二极管、三极管等通孔插装小元件，记录拆焊的条件（温度和时间），将拆出来的旧元件统一回收存放，清理焊盘并更换新元件重新焊接。然后用热风拆焊台和吸锡器拆焊表面安装元器件和通孔插装电路元件，注意控制好温度和气流，并把握好拆焊时间，避免 PCB 烧坏。将拆出来的旧元件统一回收存放，清理焊盘并更换新元件重新焊接。焊点返修步骤如下。

① 返修材料准备：返修前准备好清洁剂、防静电毛刷、防静电镊子、锡丝、吸锡带等。

② 操作工具准备：准备调试好电烙铁、热风拆焊台、吸锡器、预热平台等。

③ 防静电设备准备：测试佩戴防静电手腕带、人体综合测试仪等。

④ 手工拆焊：先涂抹助焊剂，接着预热平台加热待返修元件，最后使用热风拆焊台对元器件进行拆除。

⑤ 焊盘整理：先用吸锡器熔化焊料，接着吸除焊料，最后清理残锡。

⑥ 元件焊接：焊接待更换元件。

（四）拓展知识

自动光学检查（AOI）

如今在电子产品自动化生产线上，采用自动光学检查（Automated Optical Inspection，AOI）完成产品的工艺质量检测。AOI 光学成像设备及光学系统结构如图 3-3-16 所示。AOI 设备能自动判定缺件、短路、翻件、偏移、多锡、少锡等缺陷。与目视检查相比，AOI 的优点有：应用工艺场景多，可用于 SMT、THT、终检等工序；克服了目视检查的局限性，可对 0201、01005 等微小元器件进行检查；检查结果稳定、标准统一、缺陷检出率高、误判少；可保存已检查产品的图片及信息，满足质量跟踪与追溯要求；有效提升产品品质，降低成本；提高工厂自动化程度和生产效率。AOI 图像处理系统如图 3-3-17 所示。

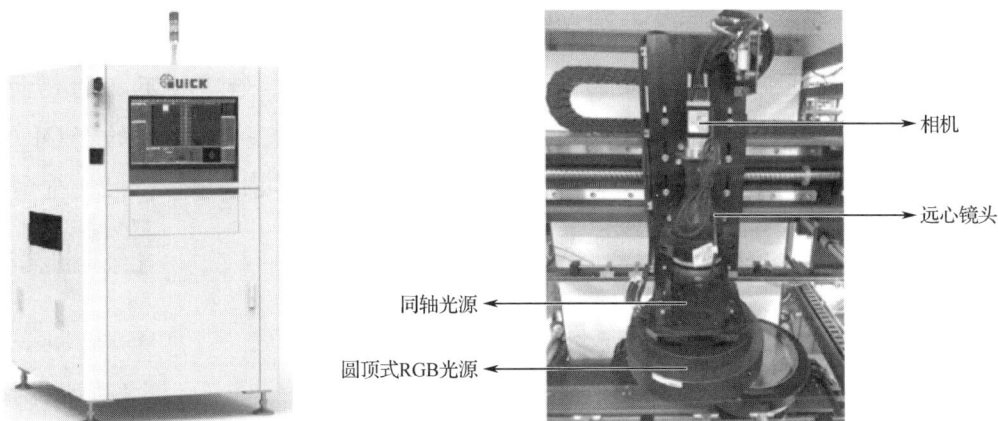

图 3-3-16 AOI 光学成像设备及光学系统结构

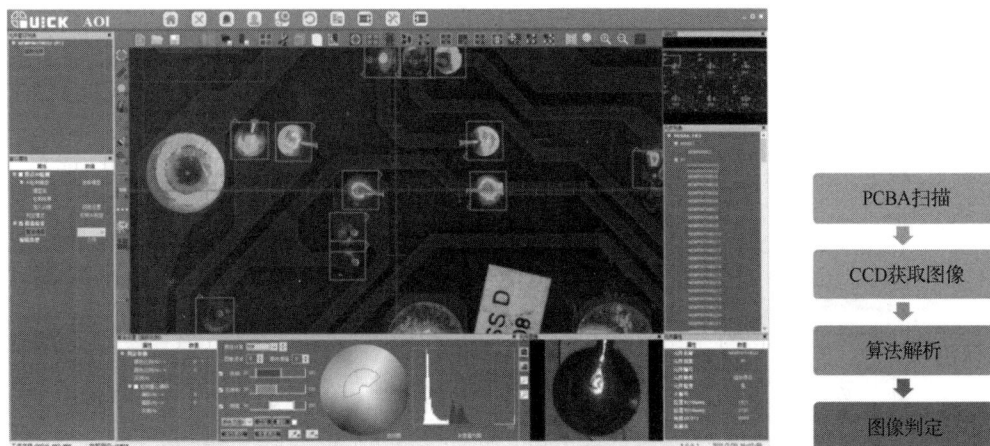

图 3-3-17 AOI 图像处理系统

AOI 光学成像的原理是在镜面反射中，入射角=反射角，即 $\theta_1=\theta_2$。AOI 的光源结构为 RGB（红绿蓝）的塔状环形 LED 光源。光源的分布自上而下分别为红色、绿色、蓝色。根据光线反射原理，不同角度、不同颜色光源的光线，在焊点爬坡面的不同位置，会发生不同角度的反射。反射后的有效光线，进入正上方的 CCD 镜头中，从而将焊点的爬坡面以不同面积的颜色在平面图像上进行表示。AOI 光学成像的镜面反射图示及成像示意图如图 3-3-18 所示。

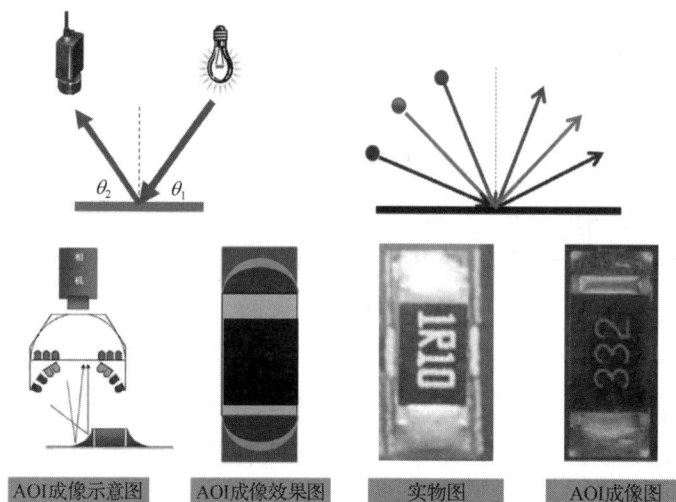

| AOI成像示意图 | AOI成像效果图 | 实物图 | AOI成像图 |

图 3-3-18　AOI 光学成像的镜面反射图示及成像示意图

光滑的平面（如裸铜皮），呈现红色；斜率比较小的面（如焊接不良的锡面），呈现绿色；斜率比较大的面（如爬锡良好的锡面），呈现蓝色。良品与虚焊的 AOI 自动成像的对比如图 3-3-19 所示，AOI 自动成像中常见缺陷成像示意图如图 3-3-20 所示。

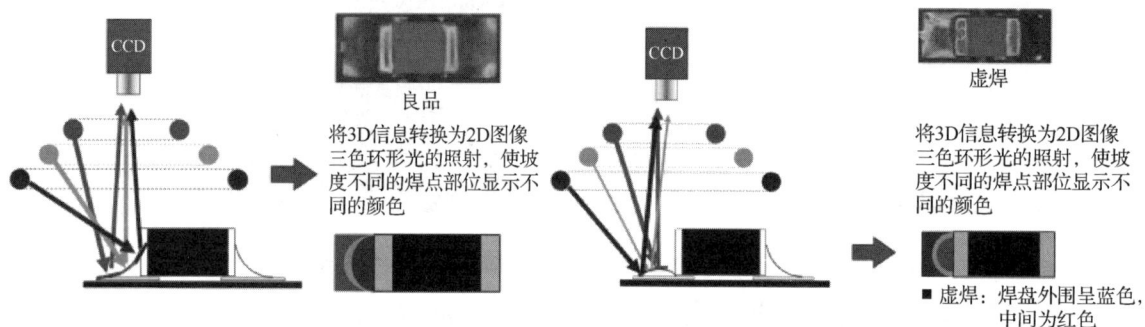

图 3-3-19　良品与虚焊的 AOI 自动成像对比

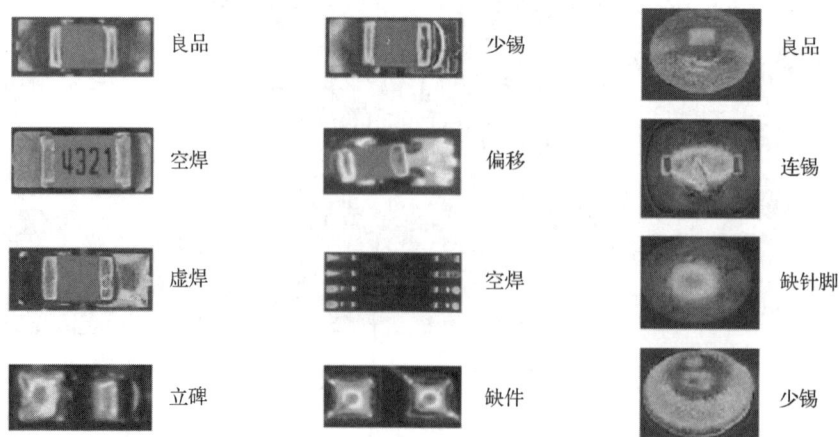

图 3-3-20　AOI 自动成像中常见缺陷成像示意图

（五）技能评价

手工返修拆焊技能训练评价详见"工作活页"。

📺 时代剪影

逆袭反超的中国超算——中国超级计算系统"天河"

2023年12月6日，国家超算广州中心正式发布了新一代国产超级计算系统——"天河星逸"。"天河星逸"系统以应用为中心，采用国产先进计算架构、高性能多核处理器、高速互连网络、大规模存储等关键技术构建，在通用CPU计算能力、网络能力、存储能力及应用服务能力等多方面较"天河二号"实现倍增，支持高性能计算、AI大模型训练及大数据分析各类应用模式。

超级计算机是计算机中功能最强、运算速度最快、存储容量最大的一类计算机，多用于国家高科技领域和尖端技术研究，是国家科技发展水平和综合国力的重要标志。

40多年来，我国超级计算机经历了从无到有、从跟跑到局部领先、从关键核心技术引进到实现自主可控的艰难发展历程，成功地实现了逆袭进而反超。世界强国的超级计算机的竞争，实际就是科技实力与综合国力的竞争。中国几代超算人前赴后继，创造出了不起的"奇迹"。

常用电子测量仪器、仪表的使用

测量是人类对客观事物取得概念的认识过程。随着测量学的发展和无线电电子学的应用，诞生了以电子技术为手段的测量，即电子测量。电子测量的应用极其广泛，大到天文观察、宇宙航天，小到物质结构、基本粒子，从复杂的生命、遗传问题到日常的工农业生产、科研、国防、运输、商业、生活等领域，都需要电子测量技术与设备。

在电子实训过程中掌握常用电子测量仪器、仪表的使用方法是训练的基本要求。只有使用必要的电子测量仪器、仪表对实训电路进行电参量的测量，或者产生、提供测量用的电信号和能源，才能圆满完成实训电路的装配与调试工作。

知识目标

掌握常用电子测量仪器、仪表的基本原理和性能。

技能目标

掌握常用电子测量仪器、仪表的使用方法。

```
                                          ┌── 数字示波器
                       认识常用电子测量仪器、仪表 ──┤── 数字信号发生器
                                          └── 数字交流毫伏表
   常用电子测量仪
   器、仪表的使用
                       常用电子测量仪器的综合使用
```

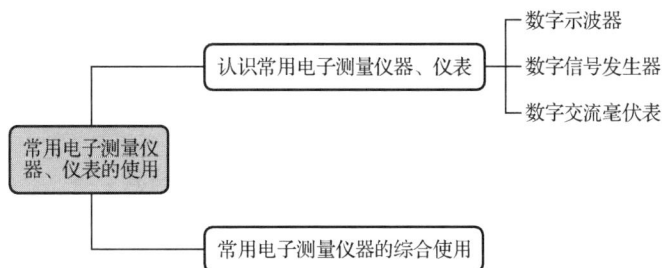

任务一　认识常用电子测量仪器、仪表

一、学习目标

1. 认识电子技术实训中常用仪器、仪表——数字示波器、数字信号发生器、数字交流毫伏表等，了解使用注意事项；

2. 掌握数字示波器、数字信号发生器、数字交流毫伏表的功能与使用。

二、工作任务

熟悉数字示波器、数字信号发生器、数字交流毫伏表的功能并掌握常用电子测量仪器、仪表的使用方法。

三、实践操作

基础知识

（一）数字示波器

示波器是一种显示电子信号波形的电子仪器。它可以形象地显示信号波形随时间的变化，是一种综合的信号特性测试仪。

示波器通常可以分为模拟示波器和数字示波器两种，数字技术的发展赋予示波器更多的波形捕获能力和数学运算功能，使示波器可以进行波形参数分析，并能存储各种波形及相关的信息，因此数字示波器被广泛应用并逐渐取代模拟示波器。模拟示波器和数字示波器如图 4-1-1 所示。

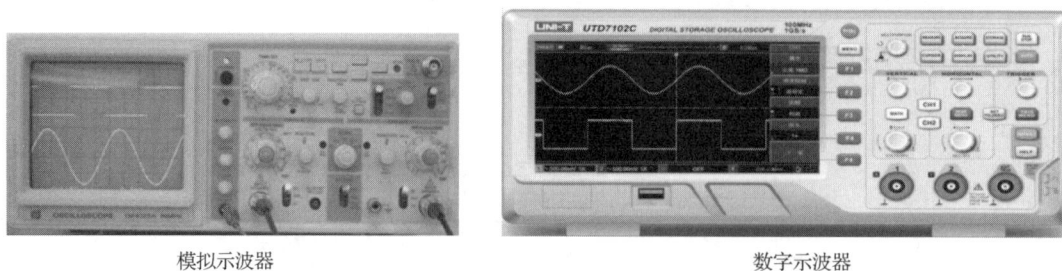

模拟示波器　　　　　　　　　　　　数字示波器

图 4-1-1　模拟示波器和数字示波器

本任务以数字示波器为例，介绍示波器的使用。

1. 面板介绍

UTD7102C 系列数字示波器面板及各功能区如图 4-1-2 所示，各功能区及按钮的名称、作用和使用方法如表 4-1-1 所示。

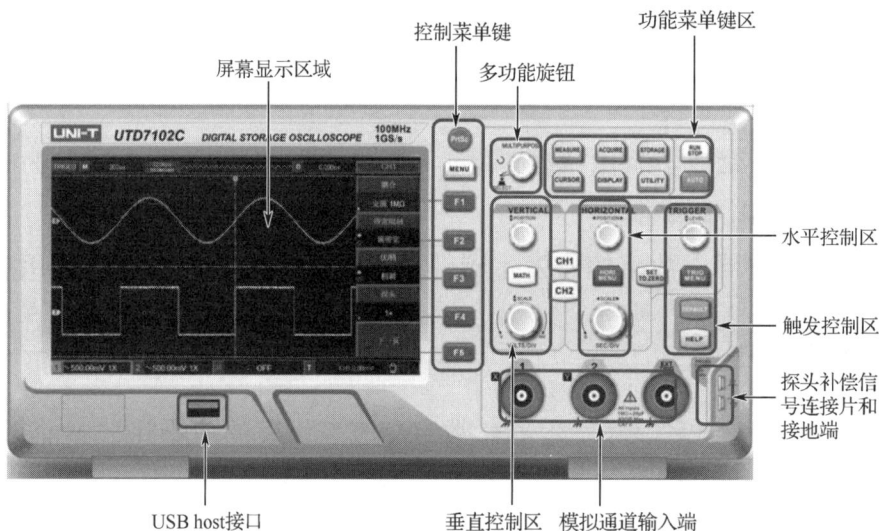

图 4-1-2　UTD7102C 系列数字示波器面板及各功能区

表 4-1-1　UTD7102C 系列数字示波器面板各功能区及按钮的名称、作用和使用方法

名称		作用和使用方法
垂直控制区 （VERTICAL）	垂直移位旋钮 （垂直 POSITION）	可移动当前通道波形的垂直位置，同时基线光标处显示垂直位移值 240.00mV 。按下该旋钮可使通道显示位置回到垂直中点
	垂直标度旋钮 （垂直 SCALE）	旋动垂直标度旋钮可改变"VOLTS/DIV（伏/格）"垂直挡位
水平控制区 （HORIZONTAL）	水平移位旋钮 （水平 POSITION）	可改变波形在屏幕上的水平位置，控制信号的触发移位
	水平标度旋钮 （水平 SCALE）	转动水平标度旋钮可改变"SEC/DIV（秒/格）"时基挡位，状态栏对应通道的时基挡位显示会发生相应的变化。水平扫描速率为 2ns～50s，以 1—2—5 方式步进

名称		作用和使用方法
触发控制区（TRIGGER）	触发电平旋钮（LEVEL）	使用触发电平旋钮可改变触发电平，在屏幕上可看到触发标志来指示触发电平线。在移动触发电平的同时，可以观察到在屏幕下部的触发电平的数值相应变化
	触发菜单按钮（TRIG MENU）	使用触发菜单按钮可改变触发设置。 按"F1"键，选择"边沿"触发；按"F2"键，选择"信源"为CH1；按"F3"键，设置"触发耦合"为交流；按"F4"键，设置"触发方式"为自动；按"F5"键，设置边沿类型"斜率"为上升
	置零按钮（SET TO ZERO）	设定波形的垂直位置和水平位置归零，并使得触发电平的位置处在触发信号幅值的垂直中点
	出厂设置按钮（DEFAULT）	打开"出厂设置"窗口，按"SELECT"（选择）键执行出厂设置，按"MEUN"（菜单）键中止出厂设置，并关闭窗口
	帮助按钮（HELP）	打开"帮助"窗口，再次按下"HELP"键，关闭帮助窗口
功能菜单键区	采样功能按钮（ACQUIRE）	打开采样设置菜单，通过菜单控制按钮调整采样方式，包括实时和等效两种
	显示功能按键（DISPLAY）	打开显示系统设置菜单，可设置显示类型、余辉显示时间、菜单显示时间、屏幕保护时间、波形亮度、网络亮度、背光亮度、网格类型
	参数测量按钮（MEASURE）	打开参数测量显示菜单，可设置主信源、从信源、定制显示参数等
	光标测量按钮（CURSOR）	打开光标测量菜单，可设置测量类型，包括电压和时间；还可设置光标移动模式及时间测量的单位
	存储按钮（STORAGE）	通过存储功能，可将示波器的设置、波形、屏幕图像保存到示波器内部或外部 USB 存储设备上，并可以在需要时重新调出已保存的设置或波形
	辅助功能按钮（UTILITY）	可进行系统设置、语言设置、通过测试、波形录制、频率计设置、LAN 设置等
	自动设置按钮（AUTO）	自动设置会自动根据输入信号，选择合适的时基挡位、伏格挡位、触发等参数，使波形自动显示在屏幕上
	运行/停止按钮（RUN/STOP）	可使波形采样在运行和停止之间切换。当按下该键并有绿灯亮时，表示运行（RUN）状态，如果按键后出现红灯亮则为停止（STOP）

2. 显示界面

UTD7102C 系列示波器显示界面各功能区如图 4-1-3 所示。

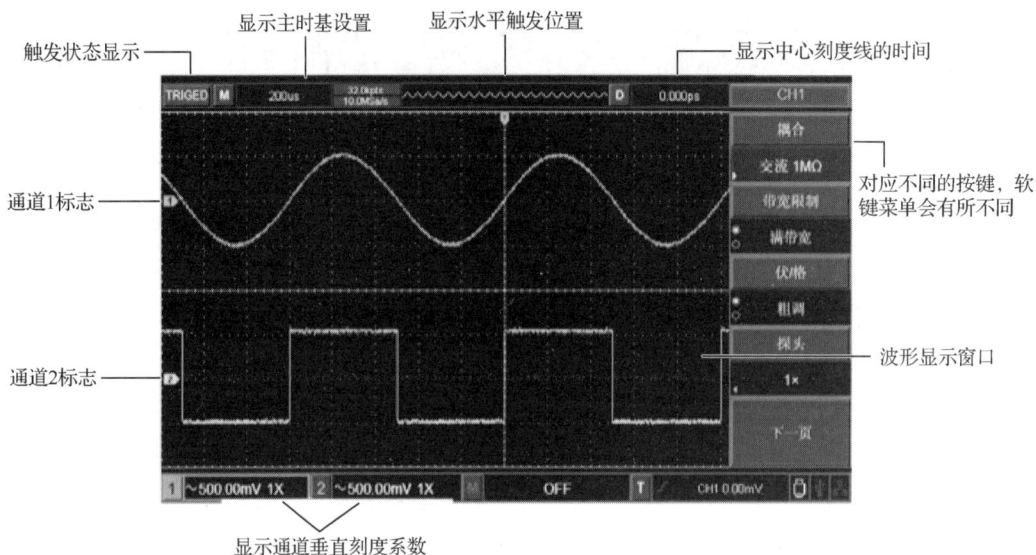

触发状态显示 —
显示主时基设置
显示水平触发位置
显示中心刻度线的时间
通道1标志 —
对应不同的按键，软键菜单会有所不同
波形显示窗口
通道2标志 —
显示通道垂直刻度系数

图 4-1-3　UTD7102C 系列示波器显示界面各功能区

（二）数字信号发生器

数字信号发生器采用先进的直接数字频率合成技术，产生高保真质量的标准函数信号，如正弦波、方波、斜波、脉冲波、噪声、谐波、直流、任意波等。数字信号发生器种类繁多但使用方法基本相同，现以 UTG7025B 数字信号发生器为例介绍数字信号发生器的使用。

1. 前面板介绍

UTG7025B 数字信号发生器前面板各旋钮和按键的位置如图 4-1-4 所示，各端口、按键的作用和使用方法如表 4-1-2 所示。

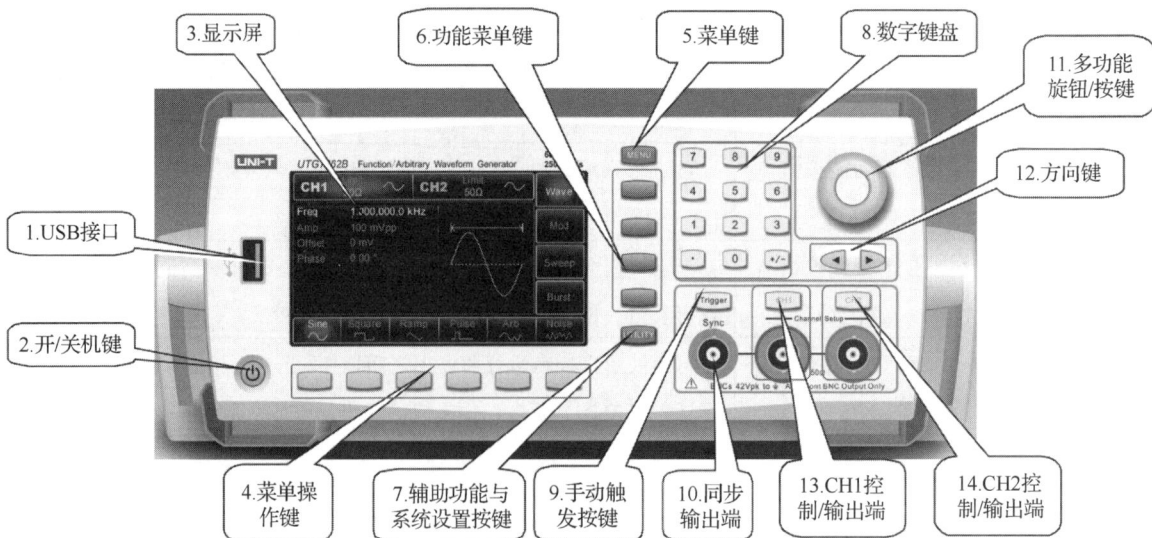

3.显示屏
6.功能菜单键
5.菜单键
8.数字键盘
11.多功能旋钮/按键
12.方向键
1.USB接口
2.开/关机键
4.菜单操作键
7.辅助功能与系统设置按键
9.手动触发按键
10.同步输出端
13.CH1控制/输出端
14.CH2控制/输出端

图 4-1-4　UTG7025B 数字信号发生器前面板各旋钮和按键的位置

表 4-1-2　UTG7025B 数字信号发生器前面板各端口、按键的作用和使用方法

按键/端口	作用和使用方法
1.USB 接口	支持 FAT16、FAT32 格式的 U 盘。通过 USB 接口可以读取已存入 U 盘中的任意波形数据文件，存储或读取仪器当前状态文件
2.开/关机键	启动或关闭仪器。按此键背光灯亮（橙色），显示屏显示开机界面后进入功能界面
3.显示屏	4.3 寸高分辨率 TFT 彩色液晶显示屏通过色调的不同,明显地区分通道一和通道二的输出状态、功能菜单和其他重要信息
4.菜单操作键	通过按键标签的标识对应地选择或查看标签（位于功能界面的下方）的内容，配合数字键盘、多功能旋钮或方向键对参数进行设置
5.菜单键	按菜单键弹出四个功能标签：波形、调制、扫频、脉冲串。按对应的功能菜单键可获得相应的功能
6.功能菜单键	通过按键标签的标识对应地选择或查看标签（位于功能界面的右方）的内容
7.辅助功能与系统设置按键	通过按此按键可弹出四个功能标签：通道 1 设置、通道 2 设置、I/O（或频率计）、系统。高亮显示（标签的正中央为灰色并且字体为白色）的标签在屏幕下方有对应的子标签，子标签更详细地描述了屏幕右方的功能标签的内容，可按对应的菜单操作键来获得相应的信息或设置
8.数字键盘	用于输入 0～9、小数点".."、符号键"+/"。小数点"."可以快速切换单位，左方向键退格并清除当前输入的前一位
9.手动触发按键	闪烁时执行手动触发
10.同步输出端	输出所有标准输出功能（DC 和噪声除外）的同步信号
11.多功能旋钮/按键	旋转多功能旋钮改变数字（顺时针旋转数字增大）或作为方向键使用，按多功能旋钮可选择功能或确定设置的参数
12.方向键	在使用多功能旋钮和方向键设置参数时，用于切换数字的位或清除当前输入的前一位数字或移动（向左或向右）光标的位置
13.CH1 控制/输出端	CH1 信息标签高亮表示当前为通道 1，此时参数列表显示通道 1 相关信息，以便对通道 1 的波形参数进行设置
14.CH2 控制/输出端	CH2 信息标签高亮表示当前为通道 2，此时参数列表显示通道 2 相关信息，以便对通道 2 的波形参数进行设置

2.后面板介绍

UTG7025B 数字信号发生器后面板各端口和按键的位置如图 4-1-5 所示，各端口、按键的作用和使用方法如表 4-1-3 所示。

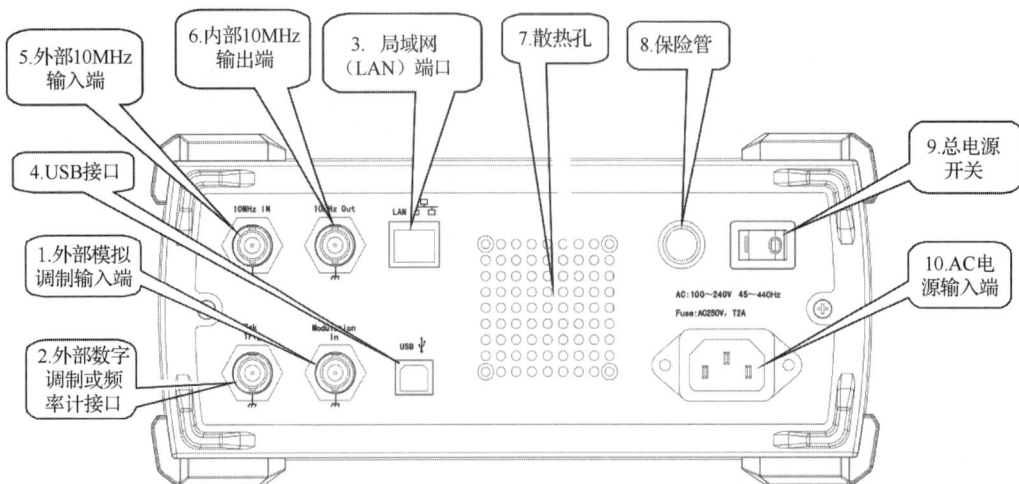

图 4-1-5　UTG7025B 数字信号发生器后面板各端口和按键的位置

表 4-1-3　UTG7025B 数字信号发生器后面板各端口、按键的作用和使用方法

按键/端口	作用和使用方法
1．外部模拟调制输入端	在 AM、FM、PM 或 PWM 信号调制时，当调制源选择外部时，通过外部模拟调制输入端输入调制信号，对应的调制深度、频率偏差、相位偏差或占空比偏差由外部模拟调制输入端的±5V 信号电平控制
2．外部数字调制或频率计接口	在 ASK、FSK、PSK 信号调制时，当调制源选择外部时，通过外部数字调制接口输入调制信号，对应的输出幅度、输出频率、输出相位由外部数字调制接口的信号电平决定
3．局域网（LAN）端口	局域网（LAN）端口可以将仪器连接至局域网，以实现远程控制
4．USB 接口	通过此 USB 接口来与上位机软件连接，实现计算机对仪器的控制
5．外部 10MHz 输入端	实现多个 UTG7025B 数字信号发生器之间的同步或与外部 10MHz 时钟信号的同步
6．内部 10MHz 输出端	实现多个 UTG7025B 数字信号发生器之间的同步或向外部输出参考频率为 10MHz 的时钟信号
7．散热孔	确保仪器有良好的散热
8．保险管	仪器遭到雷击或某元件损坏时有可能引起电源板电流过大，当 AC 输入电流超过 2A 时，保险管会熔断
9．总电源开关	置"I"时，给仪器通电；置"O"时，断开 AC 输入
10．AC 电源输入端	交流电源规格为：100～240V，45～440Hz

3．功能界面介绍

UTG7025B 数字信号发生器功能界面如图 4-1-6 所示，各区域作用和使用方法如表 4-1-4 所示。

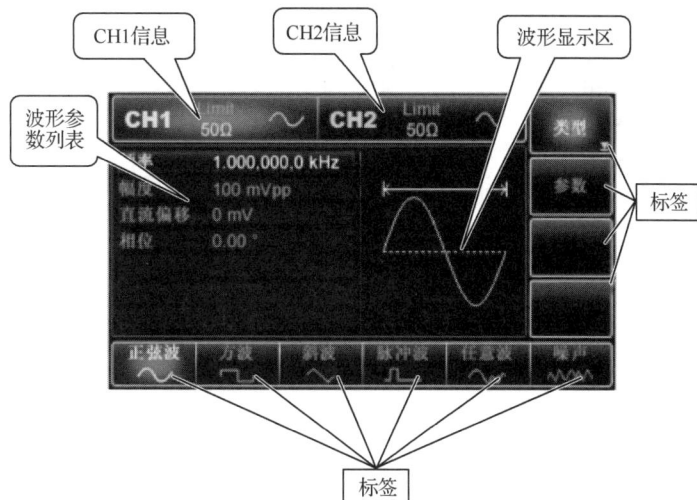

图 4-1-6　UTG7025B 数字信号发生器功能界面

表 4-1-4　UTG7025B 数字信号发生器功能界面各区域作用和使用方法

功能界面区域	作用和使用方法
1．CH1 信息	高亮显示（标签的正中央显示红色）时表示显示屏只显示通道 1 的信息，可对此通道进行参数设置
2．CH2 信息	高亮显示（标签的正中央显示天蓝色）时表示显示屏只显示通道 2 的信息，可对此通道进行参数设置
3．屏幕右方的标签	用于标识旁边的功能菜单键和菜单操作键当前的功能。高亮显示时表示标签的正中央显示当前通道的颜色或系统设置时的灰色，并且字体为白色。 如果标签高亮显示，说明被选中，则位于屏幕下方的 6 个子标签显示的就是它指示的内容。如果要显示的子标签数大于 6 个，则需要分多屏显示，要查看下一屏，按标签右边对应的功能菜单键即可
4．屏幕下方的子标签	当子标签所显示的内容属于屏幕右方的类型标签下级目录时，以高亮显示表示为选中的功能
5．波形参数列表	以列表的方式显示当前波形的各种参数，如果列表中某一项显示为白色，则可以通过菜单操作键、数字键盘、方向键、多功能旋钮的配合进行参数设置
6．波形显示区	显示该通道当前设置的波形形状

（三）数字交流毫伏表

　　数字交流毫伏表是一种自动数字化双通道交流毫伏表，具有 LCD（液晶显示器），能够同时显示多组数据。数字交流毫伏表种类繁多但使用方法基本相同，现以 UT8635N 数字交流毫伏表为例介绍数字交流毫伏表的使用。

1．面板介绍

　　UT8635N 数字交流毫伏表的前、后面板如图 4-1-7 所示。

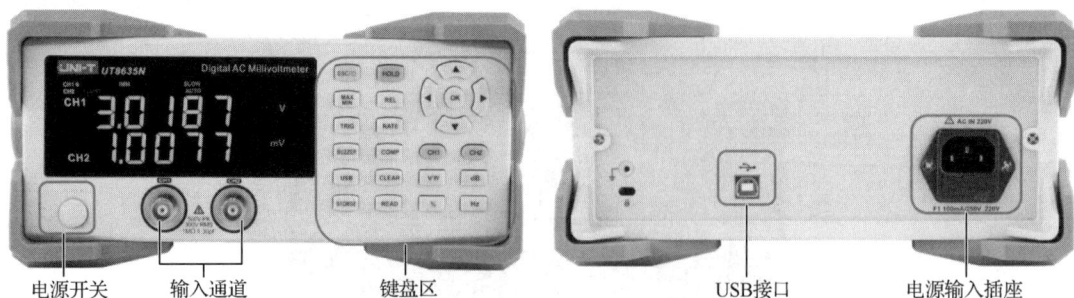

电源开关　　输入通道　　键盘区　　　　　　USB接口　　电源输入插座

图 4-1-7　UT8635N 数字交流毫伏表的前、后面板

UT8635N 数字交流毫伏表前面板上的按键如图 4-1-8 所示，按键功能如表 4-1-5 所示。

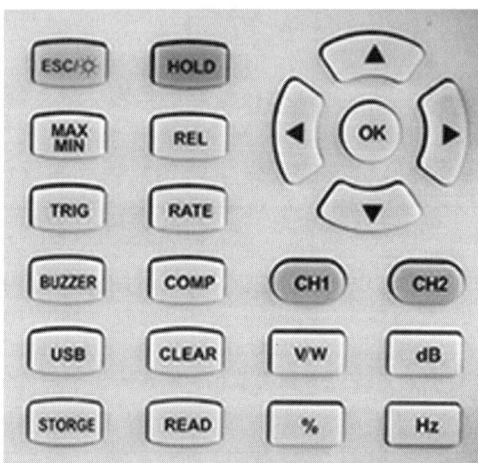

图 4-1-8　UT8635N 数字交流毫伏表前面板上的按键

表 4-1-5　UT8635N 数字交流毫伏表的按键功能

按键	短按功能	长按功能
ESC/☼	ESC 键	循环切换背光亮度（共 3 级）
HOLD	启动或退出保持功能	进入保持功能相关参数设置界面
MAXMIN	启动 MAXMIN 功能或切换 MAXMIN 功能的显示值（最大值、最小值、当前值）	退出 MAXMIN 功能
REL	启动或退出相对值功能	无效
TRIG	手动触发模式下，手动触发一次	循环切换触发方式（立即、手动、总线）
RATE	循环切换读数速率模式（快、中、慢）	无效
BUZZER	打开或关闭按键音	打开或关闭警报音（比较模式时的警报）
COMP	启动或退出比较功能	进入比较功能相关参数设置界面
USB	打开或关闭 USB 通信功能	无效
CLEAR	回读模式下，删除一条数据	回读模式下，删除全部数据
STORGE	存储当前测量的数据	无效
READ	进入回读模式	无效
CH1	测量模式下，选择通道 1 作为主通道	测量模式下，设置通道 1 接地或浮地
CH2	测量模式下，选择通道 2 作为主通道	测量模式下，设置通道 2 接地或浮地

续表

按键	短按功能	长按功能
V/W	循环切换电压、峰峰值、功率测量功能	功率测量时进入参考电阻设置界面
dB	循环切换 dB、dBm、dBuV、dBmV、dBV 测量功能	dB 测量时进入参考电压设置界面； dBm 测量时进入参考电阻设置界面
%	打开或关闭第一行的百分比计算结果	进入百分比参考值设置界面
Hz	打开或关闭主通道的频率显示	无效
▲	测量模式下，上调一个量程； 编辑模式下，上调一个数字	测量模式下，上调到最大量程； 编辑模式下，连续上调数字
▼	测量模式下，下调一个量程； 编辑模式下，下调一个数字	测量模式下，下调到最小量程； 编辑模式下，连续下调数字
◄	测量模式下，切换第二行显示功能； 编辑模式下，光标向左移一位	测量模式下，短暂显示测量功能参考值
►	测量模式下，切换第二行显示功能； 编辑模式下，光标向右移一位	测量模式下，短暂显示测量功能参考值
OK	测量模式下，切换手动或自动量程模式； 编辑模式下，保存编辑结果	无效

技能训练

（一）训练内容

掌握数字示波器、数字信号发生器、数字交流毫伏表的使用技能。

（二）训练器材

工具、仪器、材料见表 4-1-6。

表 4-1-6　工具、仪器、材料

工具、仪器	材料
数字示波器一台	连接导线若干
数字信号发生器一台	
数字交流毫伏表一台	

（三）训练步骤

1. 数字示波器的使用方法

1）准备工作

由于各型号数字示波器的使用方法基本相同，所以现以 UTD7102C 数字示波器为例说明数字示波器使用方法的训练步骤。

使用符合标准的电源线，将数字示波器连接到电源，按下数字示波器正上方的电源开关按钮，数字示波器会出现一个开机自检动画，自检完成后数字示波器就会进入正常工作界面，如图4-1-9所示。

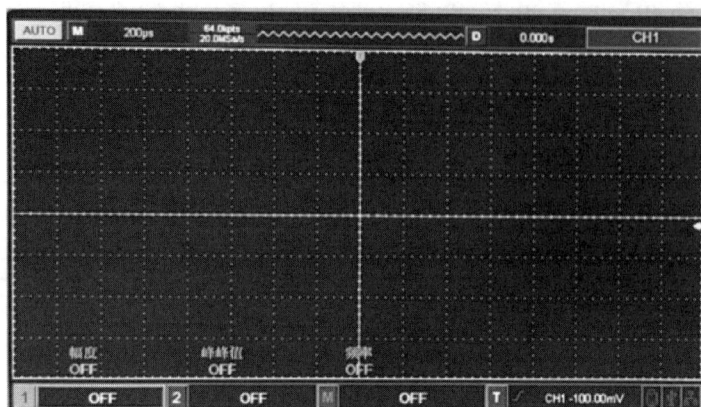

图4-1-9 UTD7102C数字示波器正常工作界面

2）观察"校正信号"波形

先将数字示波器探头的BNC端连接数字示波器通道1的BNC，如图4-1-10所示，探头上的开关置于1×，数字示波器面板选择通道1（CH1）。将探针连接到探头补偿信号连接片上，探头的接地鳄鱼夹与探头补偿信号连接片下面的接地端相连，如图4-1-11所示。最后按下数字示波器面板上的"AUTO"键，在数字示波器屏幕上会出现"校正信号"的稳定方波，如图4-1-12所示。

图4-1-10 数字示波器探头BNC端的连接

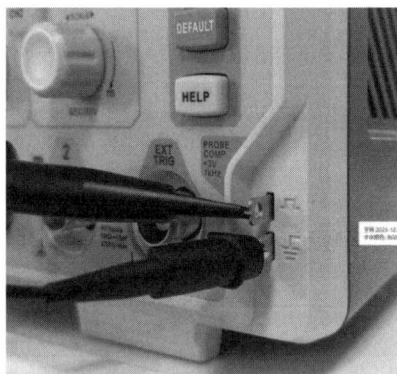

图4-1-11 数字示波器探针及接地鳄鱼夹的连接

3）测量幅度

从数字示波器显示屏上读出波形幅度有两个方法：一是数出波形幅度共占多少格，从屏幕左下角读出目前每格所表示的电压值，然后再用格数乘以每格的电压值就可以得出被测信号的电压峰-峰值；二是由屏幕直接读出幅度及峰-峰值。

UTD7102C数字示波器"校正信号"的波形如图4-1-12所示。

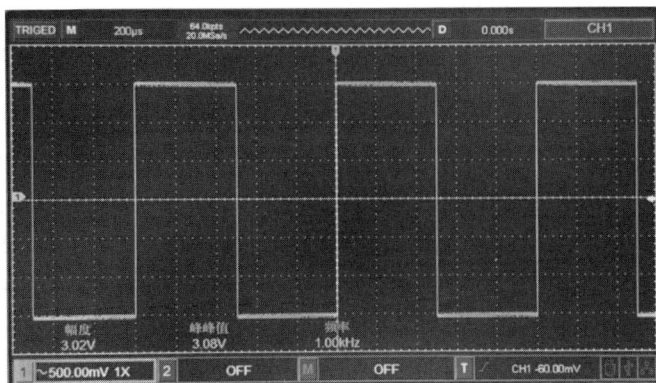

图 4-1-12　UTD7102C 数字示波器"校正信号"的波形

按照方法一可算出图 4-1-12 所示的"校正信号"波形的电压峰-峰值约为：6 格×500mV/格=3V；按照方法二可直接读出波形的幅度为 3.02V、峰-峰值为 3.08V。

4）测量频率

由数字示波器显示屏可直接读出"校正信号"的频率。

5）显示所有参数

按下数字示波器面板上的"MEASURE"键进入参数测量显示菜单，按下"F3"键，在波形显示区域弹出一个所有参数测量的显示框，如图 4-1-13 所示。

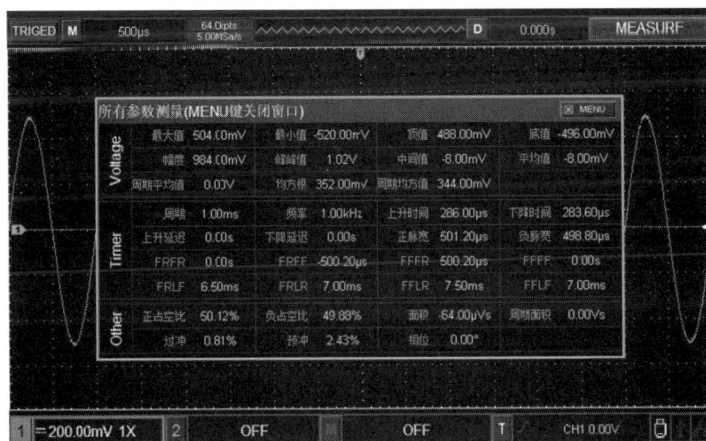

图 4-1-13　UTD7102C 数字示波器所有参数测量显示框

6）自动设置波形显示

UTD7102C 数字示波器具有自动设置波形的功能。根据输入的信号，可自动调整垂直偏转系数、扫描时基及触发方式直至显示最合适的波形。自动设置要求被测信号的频率大于或等于 20Hz。使用自动设置步骤如下。

（1）将被测信号连接到信号输入通道。

（2）按下"AUTO"键。数字示波器将自动设置垂直偏转系数、扫描时基及触发方式。如果需要进一步观察，在自动设置完成后可再进行手动调整，直至波形显示达到最佳效果，如图 4-1-14 所示。

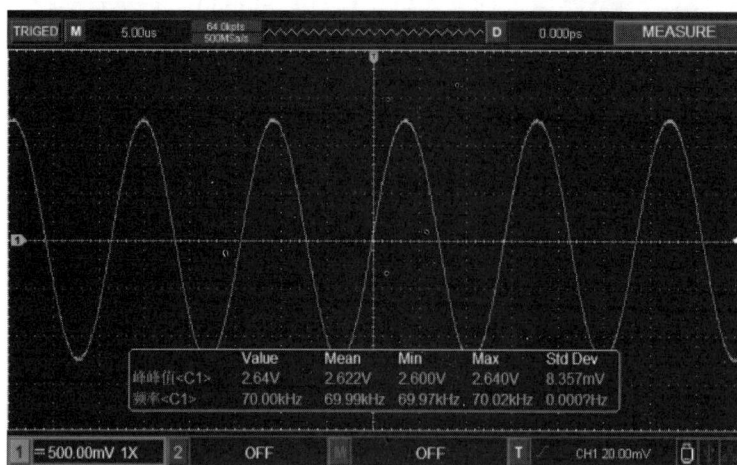

图 4-1-14　UTD7102C 数字示波器自动设置波形显示

自动设置只适合对简单的单一频率信号进行设置，对于复杂的组合波形无法实现有效的自动设置效果。同时，要求被测信号的频率不小于 20Hz，幅度不小于 30mV 峰-峰值。

2. 数字信号发生器的使用方法

1）设置输出波形频率

在接通电源时，默认波形为一个频率为 1kHz，幅度为 100mV 峰-峰值的正弦波（以 50Ω 端接）。将频率改为 2.5MHz 的具体步骤如下。

（1）依次按"MENU"键→"波形"键→"参数"键→"频率"键（如果按参数键后没有在屏幕下方弹出频率标签，则需要再次按参数键进行下一屏子标签显示）。在更改频率时，若当前频率值是有效的，则使用同一频率；若要改为设置波形周期，需要再次按频率键切换到周期，频率和周期可以相互切换。

（2）使用数字键盘输入数字 2.5。

（3）选择所需单位，在选择单位时，数字信号发生器以当前高亮显示的频率输出波形（如果输出已启用）。在本例中，选择 MHz。

UTG7025B 数字信号发生器设置输出波形频率如图 4-1-15 所示。

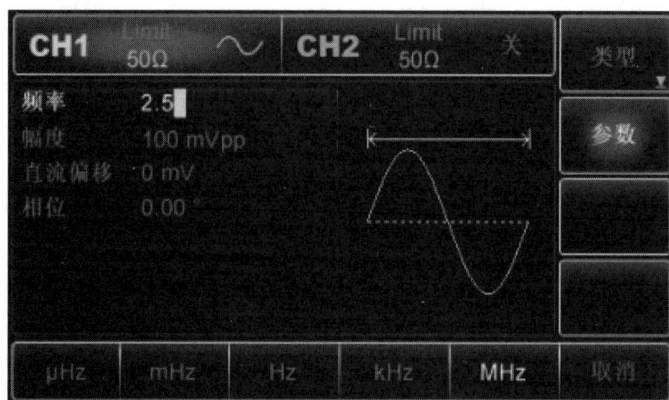

图 4-1-15　UTG7025B 数字信号发生器设置输出波形频率

2）设置输出幅度

在接通电源时，默认波形为一个幅度为 100mV 峰-峰值的正弦波（以 50Ω 端接）。将幅度改为 300mV 峰-峰值的具体步骤如下。

（1）依次按"MENU"键→"波形"键→"参数"键→"幅度"键（如果按参数键后没有在屏幕下方弹出幅度标签，则需要再次按参数键进行下一屏子标签显示）。在更改幅度时，若当前幅度值是有效的，则使用同一幅度值。再次按幅度键可进行单位的快速切换（在 Vpp、Vrms、dBm 之间切换）。

（2）使用数字键盘输入数字 300。

（3）选择所需单位，在选择单位时，数字信号发生器以当前高亮显示的幅度输出波形（如果输出已启用）。在本例中，选择 mVpp。

UTG7025B 数字信号发生器设置输出波形幅度如图 4-1-16 所示。

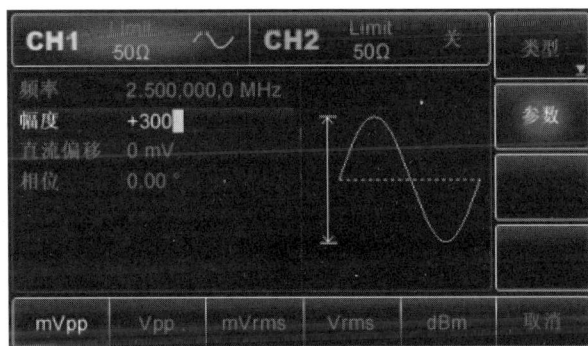

图 4-1-16　UTG7025B 数字信号发生器设置输出波形幅度

3）设置方波

在接通电源时，方波默认的占空比是 50%，占空比受最低脉冲宽度规格（20ns 或 40ns）的限制。设置频率为 1kHz，幅度为 1.5Vpp，直流偏移为 0mV，占空比为 70% 方波的具体步骤如下。

依次按"MENU"键→"波形"键→"类型"键→"方波"键→"参数"键（如果类型标签处于非高亮显示，则需要按类型键进行选中）。要设置某项参数时先按对应的键，再输入数值，然后选择单位。

UTG7025B 数字信号发生器设置方波如图 4-1-17 所示。

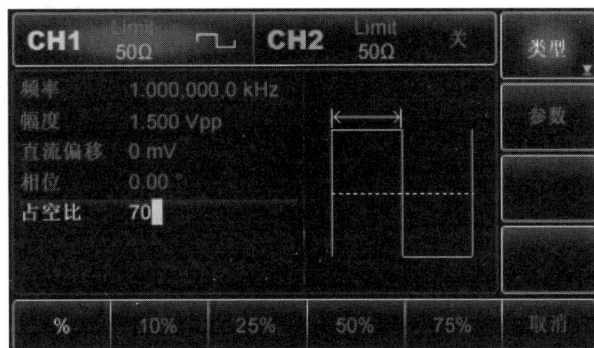

图 4-1-17　UTG7025B 数字信号发生器设置方波

3. 数字交流毫伏表的使用方法

由于各型号数字交流毫伏表的使用方法基本相同，所以现以 UT8635N 数字交流毫伏表为例说明数字交流毫伏表使用方法的训练步骤。

1）主通道设置

在测量时，LCD 第一行的最左边位置指示出当前的主通道，并且第一行显示了主通道的测量功能和测量值；第二行用于副功能，可以是任一通道的任一功能。通过短按"CH1"键或"CH2"键来设置主通道。

"OK"键，上、下键，"V/W"键或"dB"键都只针对主通道进行设置，不会修改另一个通道的设置；当需要修改另一个通道的设置时，需要先把另一个通道设置为主通道。

UT8635N 数字交流毫伏表输出主通道设置如图 4-1-18 所示。

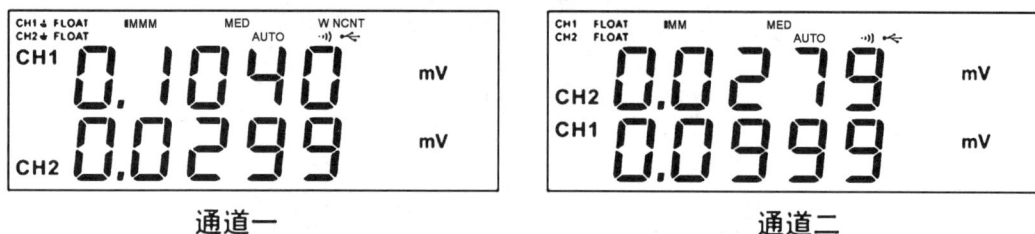

通道一　　　　　　　　　通道二

图 4-1-18　UT8635N 数字交流毫伏表输出主通道设置

2）测量功能选择

"V/W"键或"dB 键"可以选择主通道的测量功能；左、右键可以循环选择 LCD 第二行的副功能也可以选择任一通道的任一功能；"%"键可以打开或关闭百分比计算功能，打开时它以 LCD 第一行的显示值来做计算，计算结果显示在 LCD 的第二行；"Hz"键可以打开或关闭主通道的频率显示，打开时将在 LCD 的第二行显示出主通道的频率。

UT8635N 数字交流毫伏表测量功能选择如图 4-1-19 所示。

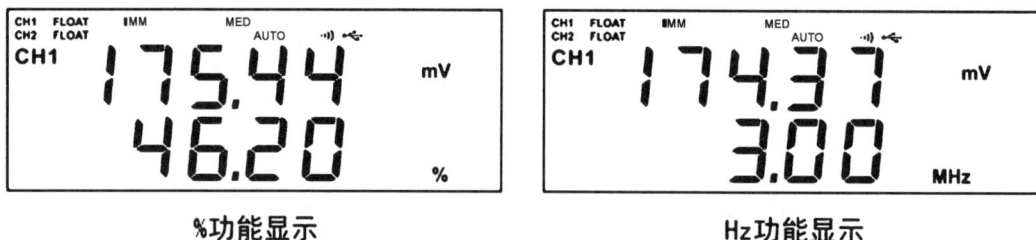

%功能显示　　　　　　　　　Hz功能显示

图 4-1-19　UT8635N 数字交流毫伏表测量功能选择

3）量程设置

在测量时，短按"OK"键可以循环选择手动或自动模式（仅针对主通道进行量程设置）。在任何量程下，短按上键向上升一个量程，短按下键向下降一个量程，长按上键选择 380V 量程，长按下键选择 3.8mV 量程。手动选择量程后会强制进入手动模式。手动选择量程时，LCD 会短暂指示出选择的量程，如"-3.8mV""-38mV""-380mV"等。

测量超过 20V 的高电压时，请注意使用正确的量程（38V 或 380V 量程），切勿使用 mV 量程。

UT8635N 数字交流毫伏表量程指示如图 4-1-20 所示。

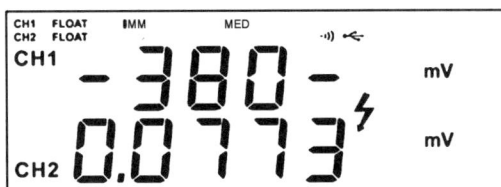

图 4-1-20　UT8635N 数字交流毫伏表量程指示

在手动模式时，当信号的有效值低于量程的 8%时，LCD 将不再显示测量值，而显示 "Lo"，此时需要手动降一个量程；当信号的有效值大于量程的 105%时，LCD 将不再显示测量值，而显示 "OL"，此时需要手动升一个量程。

UT8635N 数字交流毫伏表手动模式如图 4-1-21 所示。

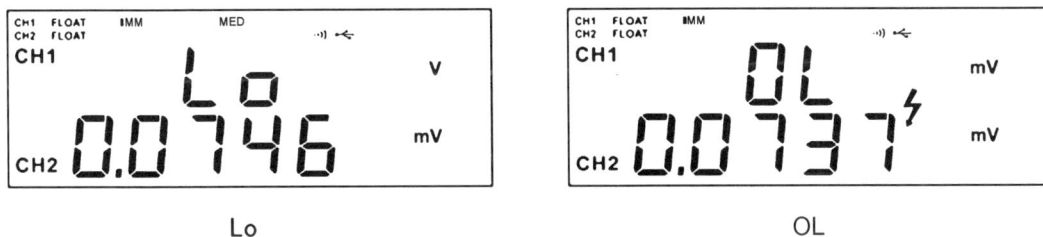

Lo　　　　　　　　　　　　　　　　OL

图 4-1-21　UT8635N 数字交流毫伏表手动模式

注：设置量程只是针对主通道，不会影响另一个通道的状态。当需要设置另一个通道的量程时，可以短按 "CH1" 或 "CH2" 键，将其设置为主通道后再进行操作。

（四）知识拓展

NI myDAQ 数据采集器的简介

NI myDAQ 数据采集器是通用实验室仪器，该仪器包括数字式万用表、示波器、函数发生器等，学生可直接使用仪器软面板进行实验和练习。通过 NI myDAQ 数据采集器这一便携式的设备，结合 LabVIEW 和 Multisim 软件，可以实现基础理论验证、专业原理仿真和综合设计项目开发，该仪器可用于测试测量、虚拟仪器、传感器实验等课程教学和学生课外创新实践中。

NI myDAQ 数据采集器如图 4-1-22 所示。

一、NI myDAQ 硬件概述

1. 模拟输入（AI）

NI myDAQ 有两个模拟输入通道，可被配置为通用高阻抗差分电压输入或音频输入。模拟输入为多路复用，即通过一个模数转换器（ADC）对两个通道进行采样。在通用模式下，测量信号范围为 ±10V。在音频模式下，两个通道分别表示左右立体声信号输入。模拟输入可用于 NI ELVISmx 示波器、动态信号分析器和 Bode 分析仪。

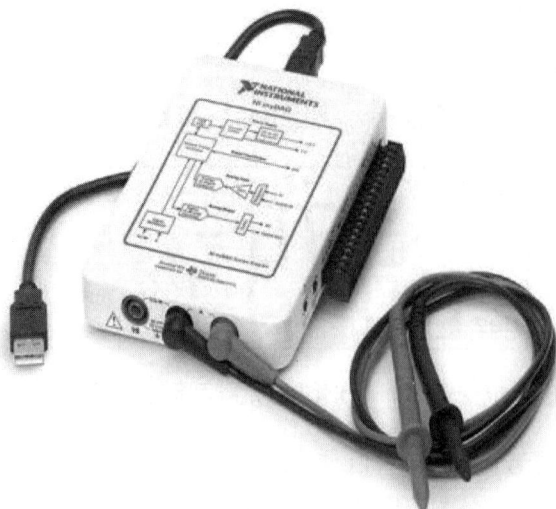

图 4-1-22　NI myDAQ 数据采集器

2. 模拟输出（AO）

NI myDAQ 带有两个模拟输出通道，可被配置为通用电压输出或音频输出。两个通道均可用作数模转换器（DAC），可进行同步更新。在通用模式下，生成信号范围为±10V。在音频模式下，两个通道分别表示左右立体声信号输出。

3. 数字输入/输出（DIO）

NI myDAQ 有 8 个 DIO 数据通道，每个通道都是一个可编程函数接口（PFI），可被配置为通用软件定时的数字输入或输出，或可用作数字计数器的特殊函数输入或输出。

4. 电源

NI myDAQ 有 3 个可供使用的电源。+15V 和-15V 为模拟组件电源。+5V 为数字组件电源。电源、模拟输出和数字输出的总功率限定为 500mW（常规值）/100mW（最小值）。

5. 数字式万用表（DMM）

NI myDAQ DMM 提供测量电压（直流和交流）、电流（直流和交流）、电阻和二极管电压降的功能。

二、NI myDAQ 软件概述

1. NI ELVISmx 驱动软件

NI ELVISmx 是支持 NI myDAQ 的驱动软件。NI ELVISmx 使用基于 LabVIEW 的软件控制 NI myDAQ 设备及提供一系列常用的实验室设备功能。

2. LabVIEW 和 NI ELVISmx Express

NI ELVISmx 安装时还会配合安装 LabVIEW Express VI，后者可通过 NI ELVISmx 软件为 NI myDAQ 编程，以实现更多高级的功能。

（五）技能评价

认识常用电子测量仪器、仪表训练评价详见"工作活页"。

任务二 常用电子测量仪器的综合使用

一、学习目标

1. 掌握数字示波器、数字信号发生器和数字交流毫伏表的使用方法；
2. 掌握综合运用数字示波器、数字信号发生器和数字交流毫伏表测试正弦信号的方法。

二、工作任务

综合运用数字示波器、数字信号发生器和数字交流毫伏表测试正弦信号。

三、实践操作

基础知识

在电子技术实训中，经常使用的电子仪器有数字示波器、数字信号发生器、直流稳压电源和数字交流毫伏表等。它们和万用表一起，可以完成对电路的测试。电子技术实训中要对各种电子仪器进行综合使用时，可按照信号流向，以连线简洁、调节顺手、观察与读数方便等原则进行合理布局。电子技术实训中常用仪器连接如图 4-2-1 所示。接线时应注意，为防止外界干扰，各仪器的公共接地端应连接在一起，俗称"共地"。数字信号发生器和数字交流毫伏表的引线通常用屏蔽线或专用电缆线，数字示波器接线使用屏蔽线，直流稳压电源的接线用普通导线。

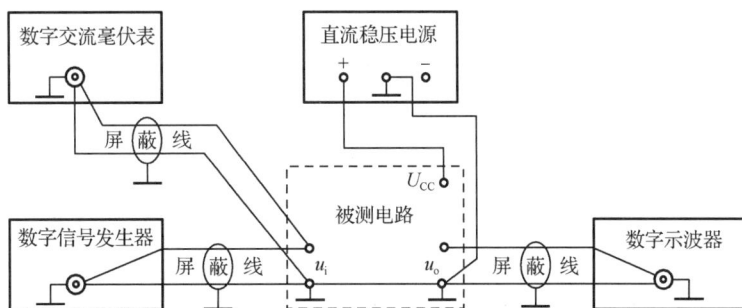

图 4-2-1 电子技术实训中常用仪器连接

技能训练

（一）训练内容

综合运用数字示波器、数字信号发生器和数字交流毫伏表测试正弦信号。

（二）训练器材

工具、仪器、材料见表 4-2-1。

表 4-2-1　工具、仪器、材料

工具、仪器	材料
数字示波器一台	连接导线若干
数字信号发生器一台	
数字交流毫伏表一台	

（三）训练步骤

1. 测试数字示波器"校正信号"的波形幅度和频率

将数字示波器的"校正信号"通过专用电缆线引入选定的 CH 通道（CH1 或 CH2）。将探头上的开关置于 1×，数字示波器面板选择通道 1（CH1），数字示波器探头的探针接"校正信号"端子。如果是测试外电路板则先将探头的黑色接地鳄鱼夹接电路板的"⊥"接地点，再将探头的探针接被测信号，然后按下数字示波器面板上的"AUTO"键，在数字示波器屏幕上会出现"校正信号"的稳定方波。

调节垂直"SCALE"旋钮使波形居中，读出被测信号的电压峰-峰值，记入表 4-2-2 中。

调节水平"SCALE"旋钮和水平"POSITION"旋钮使波形居中，读出其被测信号的频率，记入表 4-2-2 中。

表 4-2-2　测量"校正信号"的幅度、频率记录表

测量项目	标准值	实测值
幅度 U_{pp}/V		
频率 f/kHz		

注意：不同型号数字示波器的标准值有所不同，请按所使用的数字示波器将其标准值填入表格中。

2. 用数字示波器、数字交流毫伏表测量数字信号发生器输出信号参数

首先，检查数字示波器、数字信号发生器和数字交流毫伏表的设备情况，然后连接图 4-2-1 所示的电路，调节数字信号发生器的相关旋钮，使输出频率分别为 100Hz、1kHz、10kHz、100kHz，有效值均为 5V（数字交流毫伏表测量值）的正弦波信号。利用数字示波器、数字交流毫伏表对数字信号发生器输出各电压信号进行测量并记入表 4-2-3 中。具体训练步骤参见"项目四　任务一　认识常用电子测量仪器、仪表"相关内容。

表4-2-3　用数字示波器、数字交流毫伏表测量数字信号发生器输出信号参数记录表

数字信号发生器	数字示波器测量值			数字交流毫伏表测量值		
输出信号 电压频率	频率/Hz	峰-峰值/V	有效值/V	频率/Hz	峰-峰值/V	dB
100Hz						
1kHz						
10kHz						
100kHz						

3. 测量正弦波信号通过电路产生的延时

连接图4-2-2所示测试电路，观察正弦波信号通过电路产生的延时。首先，设置探头和数字示波器通道的探头衰减系数为10×。然后将数字示波器CH1通道与电路信号输入端相接，CH2通道则与输出端相接。

（1）显示CH1通道和CH2通道的信号。

① 按"AUTO"键。

② 调整水平、垂直挡位直至波形显示满足测试要求。

③ 按"CH1"键选择CH1通道，旋转垂直位置旋钮，调整CH1通道波形的垂直位置。

④ 按"CH2"键选择CH2通道，旋转垂直位置旋钮，调整CH2通道波形的垂直位置。使通道1、2的波形既不重叠在一起，又利于观察比较。

（2）测量正弦波信号通过电路后产生的延时，并观察波形的变化。

① 自动测量通道延时按"MEASURE"键显示自动测量菜单。

② 按"F1"键，设置主信源为CH1；按"F2"键，设置从信源为CH2。

③ 按"F2"键，定制参数选择窗口，调节多功能旋钮移动选择框，当选择框移动到上升时间，按下多功能旋钮，完成上升延时参数测量选择。

④ 按"F4"或"MENU"键关闭定制参数选择窗口。

观察输入信号u_i和输出信号u_o的波形，记入表4-2-4中。

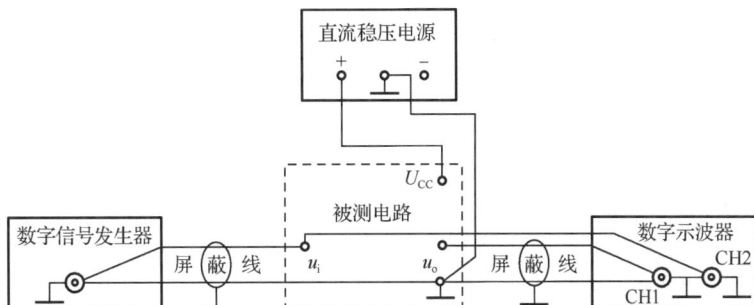

图4-2-2　测试电路

表4-2-4　测量正弦波信号通过电路后产生的延时记录表

输入波形	观察记录数字示波器各挡位、波形参数
	时间挡位： 幅度挡位： 峰-峰值：
输出波形	**观察记录数字示波器各挡位、波形参数**
	时间挡位： 幅度挡位： 峰-峰值：

（四）知识拓展

虚拟仪器的简介

传统的电子测量仪器，除了电源和信号源，都要完成信号的采集和控制、信号的分析和处理、结果的表达与输出三个功能。这些功能都是由硬件模块或固化软件完成的。传统仪器只能由仪器生产厂家定义和制造，用户无法改变。

虚拟仪器则是对传统仪器概念的重大突破，它是计算机技术与电子仪器相结合产生的一种全新的仪器模式。

虚拟仪器将仪器的三大功能全部放在计算机上完成。在计算机上插数据采集卡，完成对信号的采集；用计算机软件实现各种各样的信号分析与处理，完成多种不同的测试功能；用软件在计算机显示屏上生成各种仪器的控制面板，以各种形式表达输出检测结果。

虚拟逻辑分析仪和虚拟示波器如图4-2-3所示。

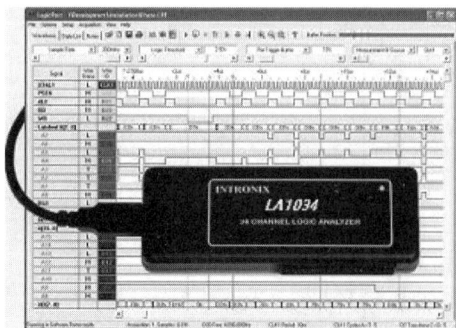

（a）虚拟逻辑分析仪　　　　　　　　　　　　　　（b）虚拟示波器

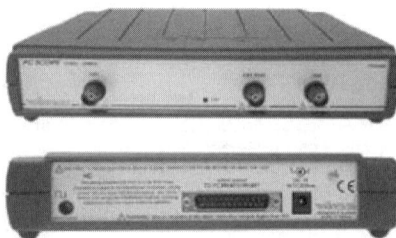

图4-2-3　虚拟逻辑分析仪和虚拟示波器

在虚拟仪器中，硬件仅仅解决信号的输入、输出问题，软件才是整个仪器系统的关键。仪器的功能由软件来体现，就是所谓"软件即仪器"。用户可以根据自己的需要，设计自己的仪器系统，满足多样化的应用需求，彻底打破只能由厂家定义，用户无法改变的模式。

在实际使用中，用户通过鼠标和键盘操作虚拟仪器，就像操作传统的电子测量仪器一样，用户只需经过少量的训练就能很快适应虚拟仪器的使用。

（五）技能评价

常用电子测量仪器的综合使用技能训练评价详见"工作活页"。

时代剪影

电子世界的中国原创——半浮栅晶体管

复旦大学研发出新型半浮栅晶体管让中国首次领跑微电子领域。复旦大学微电子学院张卫教授领衔团队研发的世界第一个半浮栅晶体管（SFGT）研究论文刊登于《科学》杂志，这是我国科学家首次在该权威杂志发表微电子器件领域的研究成果。而意义更大的是，这种新型晶体管将有助于我国掌握集成电路的关键技术。

作为一种新型的基础器件，半浮栅晶体管（SFGT）可应用于不同的集成电路。半浮栅晶体管（SFGT）构成的静态随机存储器（SRAM）单元面积更小，密度相比传统 SRAM 大约可提高 10 倍。显然如果在同等工艺尺寸下，半浮栅晶体管（SFGT）构成的 SRAM 具有高密度和低功耗的明显优势。

半浮栅晶体管（SFGT）还可应用于动态随机存储器（DRAM）领域。半浮栅晶体管（SFGT）构成的 DRAM 无须电容器便可实现传统 DRAM 全部功能，不但成本大幅降低，而且集成度更高，读写速度更快。

半浮栅晶体管（SFGT）不但应用于存储器，它还可以应用于主动式图像传感器芯片（APS）。由单个半浮栅晶体管构成的新型图像传感器单元在面积上能缩小 20% 以上。感光单元密度提高，使图像传感器芯片的分辨率和灵敏度得到提升。

半浮栅晶体管作为一种基础电子器件，它的成功研制有助于我国掌握集成电路的核心器件技术，是我国在新型微电子器件技术研发上的一个里程碑。

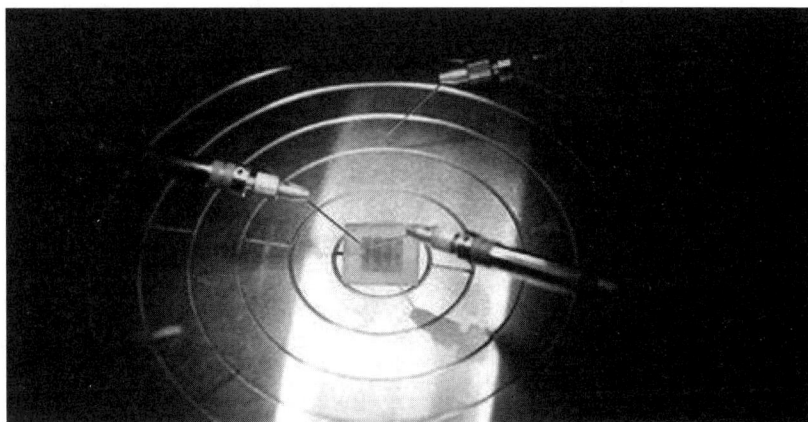

单元电子电路的设计、装配和调试

单元电子电路是构成各种各样电子产品的基础，如同大厦的基石。电子技术实训中比较常用的单元电路有晶体三极管共发射极放大电路、两级阻容耦合负反馈放大电路、晶体三极管共集电极放大电路、OTL 互补对称功率放大电路、集成运算电路、μA741 构成的正弦波振荡电路、三端集成稳压电路等。通过对这些单元电路在多孔印制电路板上装配与调试的技能训练，不仅能更好地理解上述各单元电路基本结构、工作原理和电子元器件在电路中的作用，而且能进一步熟练应用项目二至项目四所掌握的各项实训技能。

知识目标

1. 掌握基本电子元器件的电路特性；
2. 掌握基本单元电子电路的原理、结构和电路性能特点。

技能目标

1. 掌握电子测量技术、电子电路识读的技能；
2. 掌握基本单元电路的装配、调试技能。

工作原理 ─┐
　　　　　├─ μA741构成的 ─┐
电路元器件明细表 ─┘　弦波振荡电路　│

集成运算放大器基础知识 ─┐
　　　　　　　　　　　├─ 集成运算电路 ─┤── 单元电子电路的 ──┐
智能环保路灯控制电路工作原理 ─┘　模块与应用　│　　设计、装配和调试

工作原理 ─┐
　　　　　├─ 三端集成稳压器 ─┘
电路元器件明细表 ─┘

晶体三极管共 ─── 工作原理
发射极放大电路 ─── 电路元器件明细表

两级阻容耦合负 ─── 工作原理
反馈放大电路 ─── 电路元器件明细表

晶体三极管共集 ─── 工作原理
电极放大电路 ─── 电路元器件明细表

OTL互补对称功 ─── 工作原理
率放大电路 ─── 电路元器件明细表

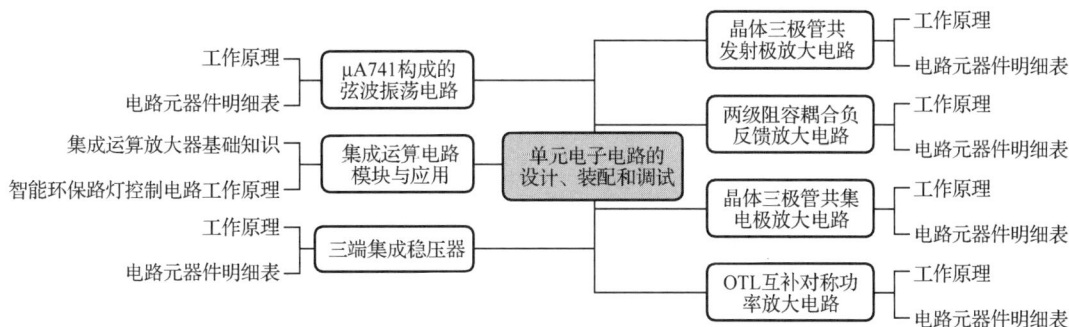

任务一　晶体三极管共发射极放大电路

一、学习目标

1. 掌握晶体三极管共发射极放大电路中分压式偏置放大电路静态工作点的调试方法，分析静态工作点对放大电路性能的影响；

2. 掌握分压式偏置放大电路的装配（设计、成型、插装、焊接）与调试方法；

3. 熟悉电子技术实训中常用电子测量仪器的综合使用方法。

二、工作任务

分压式偏置放大电路的装配与调试方法训练。

三、实践操作

📝 基础知识

（一）工作原理

在晶体三极管共发射极放大电路中，静态工作点的设置主要有固定式偏置、分压式偏置和集电极-基极偏置三种偏置方式，其中，分压式偏置放大电路应用较为广泛。分压式偏置放大电路如图 5-1-1 所示。与固定式偏置放大电路相比，分压式偏置放大电路增加了基极下偏置电阻器 R_{B2}，原偏置电阻器 R_B 现为上偏置电阻器 R_{B1}，同时在发射极中串接了电阻器 R_E 和并联电容器 C_E。在 R_{B1}、R_{B2} 参数选择适当的情况下，由于晶体三极管的基极电流 I_{BQ} 很小（微安级），可忽略不计，从而使流过 R_{B1}、R_{B2} 的电流近似相等，则晶体三极管的基极电位 $U_{BQ} \approx \dfrac{V_{CC}}{R_{B1}+R_{B2}} R_{B2}$，近似恒定不变，$U_E$（$U_E = U_B - U_{BEQ}$）也近似

不变（U_{BEQ} 数值较小）；集电极电流 $I_{CQ} \approx \dfrac{U_E}{R_E}$，近似不变，从而实现电路静态工作点的稳定。

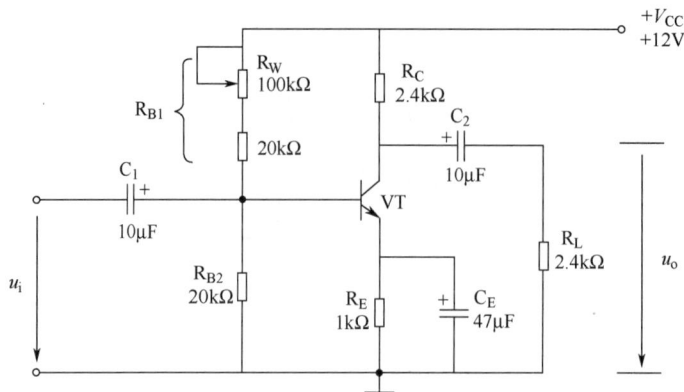

图 5-1-1　分压式偏置放大电路

发射极电阻器 R_E 能抑制 I_{CQ} 的变化，起到稳定静态工作点的作用。并联电容器 C_E 是利用"通交流隔直流"的性能，让放大后输出的交流信号顺利通过，避免放大的交流信号在 R_E 上的损耗，常称为发射极旁路电容。

分压式偏置放大电路稳定静态工作点的过程如图 5-1-2 所示。当温度上升时，由于晶体三极管的 β、I_{CQ} 增大和 U_{BEQ} 下降而引起发射极电流 I_{EQ} 增大，则发射极电阻器 R_E 上电压 U_{EQ} 上升。因为基极电压 U_{BQ} 基本不变，因此 U_{BEQ}（$U_{BEQ}=U_{BQ}-U_{EQ}$）下降，于是集电极电流 I_{CQ} 的增加受到限制，从而稳定了静态工作点。

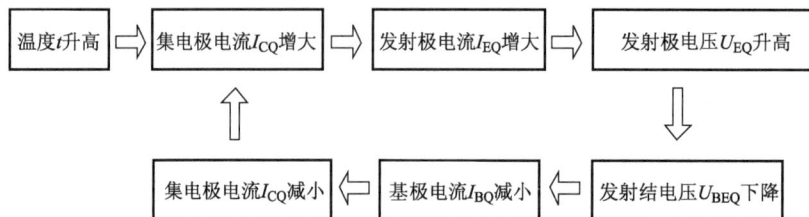

图 5-1-2　分压式偏置放大电路稳定静态工作点的过程

在图 5-1-1 分压式偏置放大电路中计算静态工作点：先计算 I_{CQ}，再计算 I_{BQ}，最后计算 U_{CEQ}。基极电压 U_{BQ} 由 R_{B1} 和 R_{B2} 分压后得到，即

$$U_{BQ} \approx V_{CC} \frac{R_{B2}}{R_{B1} + R_{B2}}$$

由此可知，U_{BQ} 的大小与晶体三极管的参数无关。

$$I_{CQ} \approx I_{EQ} \approx \frac{U_{EQ}}{R_E} = \frac{U_{BQ} - U_{BEQ}}{R_E} \approx \frac{U_{BQ}}{R_E}$$

$$I_{BQ} = \frac{I_{CQ}}{\beta}$$

$$U_{CEQ} = V_{CC} - I_{CQ}R_C - I_{EQ}R_E \approx V_{CC} - I_{CQ}(R_C + R_E)$$

放大电路的静态工作点设置不合适，将导致放大输出的波形产生失真。通过输出特性曲线分析放大电路的工作情况，能直观地了解静态工作点设置与波形失真的关系。

1. 饱和失真

当静态工作点 Q_A 设置过高，即基极电流 I_{BQ} 较大时，在输入信号正半周，晶体三极管工作进入饱和区，i_B 增大无法使 i_C 相应增大，导致 i_C 的正半周发生切割失真，由于 $u_{CE}=V_{CC}-i_CR_C$，所以 u_{CE} 随 i_C 变化而做相反的变化，通过 C_2 耦合后得到负半周被部分消除的输出电压波形，这种失真称为"饱和失真"。饱和失真时的静态工作点及波形如图 5-1-3 所示。

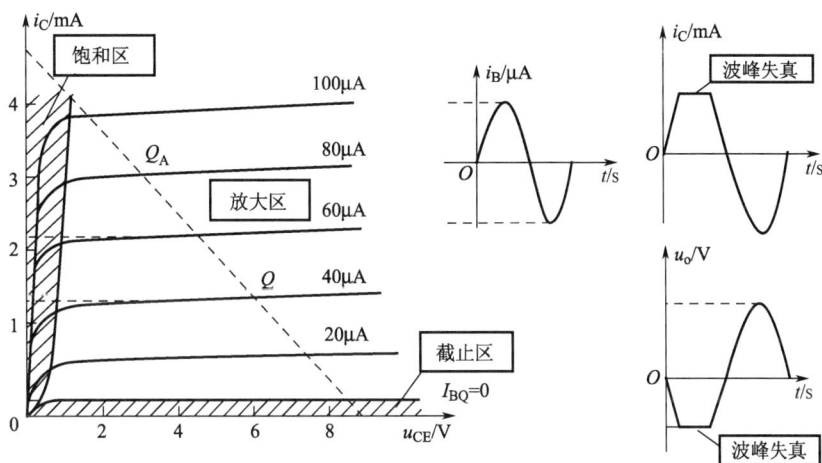

图 5-1-3　饱和失真时的静态工作点及波形

2. 截止失真

当静态工作点 Q_B 设置过低，即基极电流 I_{BQ} 很小时，在输入信号负半周，晶体三极管的发射结将在一段时间内处于反向偏置状态，晶体三极管工作进入截止区，造成 i_C 负半周波峰失真，由于 $u_{CE}=V_{CC}-i_CR_C$，所以 u_{CE} 随 i_C 变化而做相反的变化，通过 C_2 耦合后得到正半周被部分消除的输出电压波形，这种失真称为"截止失真"。截止失真时的静态工作点及波形如图 5-1-4 所示。

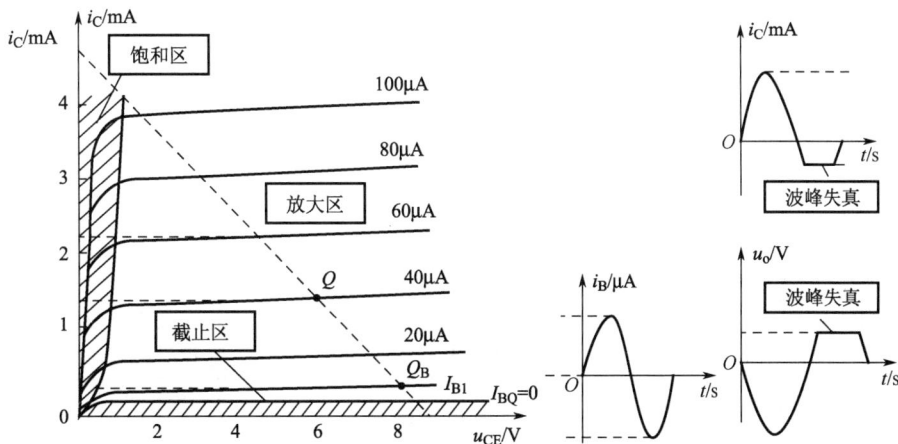

图 5-1-4　截止失真时的静态工作点及波形

显然，在图 5-1-1 所示的电路中改变上偏置电阻 R_{B1} 中 R_W 的阻值就可以改变 U_{BQ} 数值，进而改变 I_{BQ}、I_{CQ}，从而影响放大电路静态工作点。

由图 5-1-3 可知，放大区是处于饱和区与截止区之间，为了得到最大输出动态范围，如何设置放大电路的最佳静态工作点就很重要了。当放大电路正常工作时逐步增大输入信号幅度，同时，细心调节放大电路偏置电阻的阻值（即改变静态工作点），使输出信号幅度达到最大且不失真时，放大电路的静态工作点处于放大区的最佳位置：中点处。这种以最大不失真输出为依据的调试方法能使我们快速设置和调试好放大电路的最佳静态工作点。

（二）电路元器件明细表

实训电路元器件明细表如表 5-1-1 所示。

表 5-1-1　实训电路元器件明细表

序号	代号	名称	型号与规格	数量
1	VT	晶体三极管	9013（3DG6）	1
2	R_W	微调电位器	WSW1、100kΩ 0.5W	1
3	C_1、C_2	电解电容器	CD11、10μF/16V	2
4	R_E	电阻器	RJ21、1kΩ 1/8W	1
5	R_C	电阻器	RJ21、2.4kΩ 1/8W	1
6	R_{B2}	电阻器	RJ21、20kΩ 1/8W	1
7	R_{B1}	电阻器	RJ21、20kΩ 1/8W	1
8	R_L	电阻器	RJ21、2.4kΩ 1/8W	1
9	C_E	电解电容器	CD11、47μF/16V	1

技能训练

（一）训练内容

分压式偏置放大电路的安装与调试实训技能。

（二）训练器材

工具、仪器、材料如表 5-1-2 所示。

表 5-1-2　工具、仪器、材料

工具、仪器	材料
数字示波器一台	连接导线若干
数字信号发生器一台	焊锡丝若干
数字式万用表一台	元器件见表 5-1-1
数字交流毫伏表一台	
电烙铁、镊子、尖嘴钳各一把	
直流稳压电源一台	

（三）训练步骤

在如图 5-1-5 所示的多孔印制电路板上进行单元电路装配和调试训练。

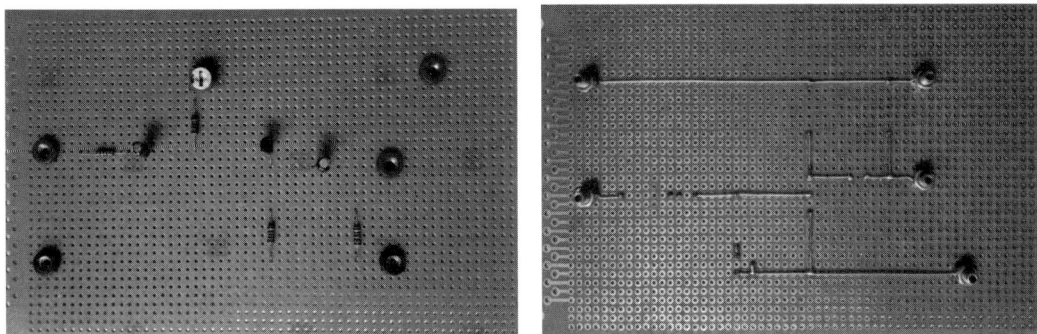

图 5-1-5　多孔印制电路板

单元电路测量、调试过程中应用到的各电子测量仪器、仪表可按"项目四　任务二常用电子测量仪器的综合使用"中图 4-2-1 所示方式连接，为防止干扰，各仪器的公共接地端必须连在一起，同时数字信号发生器、数字交流毫伏表和数字示波器的引线应采用专用电缆线或屏蔽线，屏蔽线的外包金属网应接在公共接地端上。

项目五中单元电路进行测量、调试时，仪器、仪表的连线均按照上述要求连接。首先，按图 5-1-1 所示电路在多孔印制电路板上正确插装、焊接各元器件及电路连接线。然后，检查各元器件装配、连接无误后，接通+12V 电源。最后，测量与调试分压式偏置放大电路的静态工作点，测量电压放大倍数。

1. 分压式偏置放大电路静态工作点的调试与测量

（1）以最大不失真输出为依据进行静态工作点的调试。

置 R_L=2.4kΩ，接通+12V 电源。在电路 u_i 输入端加入频率为 1kHz、U_{pp}=20mV 的正弦信号，在波形不失真的条件下用数字示波器观察放大电路的 u_o 和 u_i 的波形、相位、幅度关系，根据输入、输出信号是否反相，输出信号幅度是否增大，分析此时电路是否处于放大状态，确定电路放大之后逐步调节输入信号幅度，以及细心调节 R_W 阻值，使输出信号 u_o 幅度达到最大且不失真，将输入、输出波形记入表 5-1-3 中。

表 5-1-3　电路最大不失真输出时输入、输出波形记录表

输入波形	观察记录数字示波器各挡位、波形参数
	时间挡位： 幅度挡位： 峰-峰值：

续表

输出波形	观察记录数字示波器各挡位、波形参数
	时间挡位： 幅度挡位： 峰-峰值：

（2）测量静态工作点。

断电后去掉输入信号 u_i，即电路处于静态，用数字式万用表测量 U_{BQ}、U_{EQ}、U_{CQ}、U_{BEQ}、U_{CEQ} 并计算 I_{CQ}，记入表 5-1-4 中。

表 5-1-4　测量静态工作点记录表

U_{BQ}/V	U_{EQ}/V	U_{CQ}/V	U_{BEQ}/V	U_{CEQ}/V	I_{CQ}（U_{BQ}/R_E）/mA

2. 测量电压放大倍数

（1）电路接入负载电阻（R_L=2.4kΩ）时放大倍数 A_V。

保持 R_W 阻值不变，接通+12V 电源。在电路 u_i 输入端加入频率为 1kHz、U_{pp}=20mV 的正弦信号，在波形不失真的条件下用数字示波器观察放大电路的 u_o 和 u_i 的波形、相位、幅度关系，将输入、输出波形记入表 5-1-5 中，并计算此时电压放大倍数 A_V。

注意：在测试过程中应该保持 R_W 阻值不变，这是因为调节 R_W 阻值会改变电路的静态工作点，影响电路对输入信号的放大，如果测试过程中发现输出波形失真，可回到训练步骤"以最大不失真输出为依据进行静态工作点的调试"重新调试电路的静态工作点。

表 5-1-5　电压放大倍数记录表

输入波形	观察记录数字示波器各挡位、波形参数
	时间挡位： 幅度挡位： 峰-峰值：

续表

有载（R_L=2.4kΩ）时输出波形	观察记录数字示波器各挡位、波形参数
	时间挡位： 幅度挡位： 峰-峰值：
空载时输出波形	观察记录数字示波器各挡位、波形参数
	时间挡位： 幅度挡位： 峰-峰值：

（2）电路没有接入负载电阻时的放大倍数 A_V。

保持上述电路形式和数字信号发生器、数字示波器的测量挡位不变，断电之后，断开负载电阻 R_L，使电路处于空载工作状态，通电后将此时的输出信号 u_o 的波形记入表 5-1-5 中。

（3）比较电路在接负载和空载时的放大能力。

将上述测量中有载和空载时的输出信号电压有效值和放大倍数记入表 5-1-6 中。

表 5-1-6　比较电路在接负载和空载时的放大能力

输入信号电压值（U_{pp}）	有载时（接负载电阻）		空载时（不接负载电阻）	
	U_o	A_V	U_o	A_V
20mV				

从表 5-1-6 的数据可发现：分压式偏置放大电路中，接入负载电阻之后，输出信号电压_____（增大、下降）；电压放大倍数_____（增大、下降）。

3. 观察静态工作点对输出波形失真的影响

保持 R_W 阻值不变。置 R_L=2.4kΩ，接通+12V 电源。在电路 u_i 输入端加入频率为 1kHz、U_{pp}=20mV 的正弦信号，在波形不失真的条件下用数字示波器观察放大电路的 u_o 和 u_i 的波形、相位、幅度关系，再逐步调节输入信号，使输出信号 u_o 幅度最大且不失真。然后保持输入信号不变，分别调 R_W 阻值为最小、最大，使输出波形 u_o 出现失真，观察 u_o 的波形，如果失真不明显可以适当加大输入信号的幅度，记入表 5-1-7 中。

表 5-1-7　静态工作点对输出波形的影响记录表

调节 R_W	输入波形	观察记录数字示波器各挡位、波形参数	失真形式
R_W 阻值 调最小		时间挡位： 幅度挡位： 峰-峰值：	
	输出波形	观察记录数字示波器各挡位、波形参数	
R_W 阻值调 最大		时间挡位： 幅度挡位： 峰-峰值：	

（四）知识拓展

场效应晶体管的简介

场效应晶体管又称场效应管，与晶体三极管不同的是，场效应管是一种电压控制型半导体器件，即管子的电流受控于栅极电压。场效应管具有输入阻抗高、噪声低、动态范围大、功耗小、易于集成等特点，因此得到了广泛的应用。

场效应管根据电场对导电沟道的控制方法不同可分为两大类，一类是结型场效应管，简称 JFET；另一类是绝缘栅场效应管，简称 IGFET。根据导电沟道的材料不同，它们又都有 N 型沟道和 P 型沟道两类。场效应管如图 5-1-6 所示。

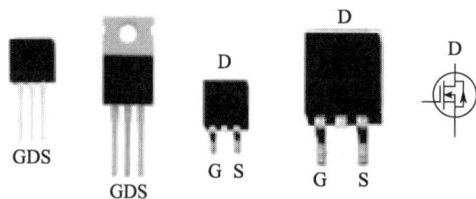

图 5-1-6　场效应管

绝缘栅场效应管也称为金属氧化物半导体场效应管，简称 MOS 场效应管，分为耗尽型 MOS 管和增强型 MOS 管。特别需要注意的是，绝缘栅场效应管不能用万用表检测，必须用测试仪器测量，仪器应良好接地，而且要注意在仪器接入后才能去掉各电极短路线。

场效应管电路符号如图 5-1-7 所示。

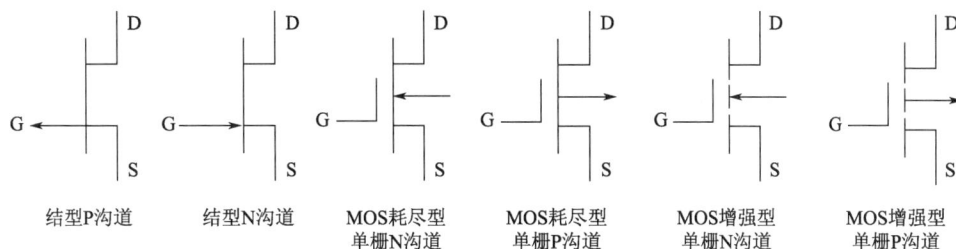

| 结型P沟道 | 结型N沟道 | MOS耗尽型
单栅N沟道 | MOS耗尽型
单栅P沟道 | MOS增强型
单栅N沟道 | MOS增强型
单栅P沟道 |

图 5-1-7　场效应管电路符号

（五）技能评价

分压式偏置放大电路的装配与调试技能训练评价详见"工作活页"。

任务二 两级阻容耦合负反馈放大电路

一、学习目标

1. 掌握放大电路中引入负反馈的方法和负反馈对放大电路各项性能指标的影响；

2. 掌握两级阻容耦合负反馈放大电路的装配（设计、成型、插装、焊接）与调试技能；

3. 熟悉常用电子测量仪器的综合使用技能。

二、工作任务

两级阻容耦合负反馈放大电路的装配与调试技能训练。

三、实践操作

📝 基础知识

（一）工作原理

1. 反馈的基本概念

在放大电路中，从输出端把输出信号的部分或全部通过一定的方式回送到输入端的过程称为反馈。反馈放大电路如图 5-2-1 所示。由图 5-2-1 分析可知反馈放大电路与基本放大电路的区别有以下几点。

（1）x_i' 是信号源 x_i 和反馈信号 x_f 叠加后的净输入信号。

（2）输出信号 x_o 在输送到负载的同时，还要取出部分或全部再回送到原放大电路的输入端，符号 ⊕ 表示比较环节。

（3）引入反馈后，信号既有正向传输也有反向传输，电路形成闭合环路。

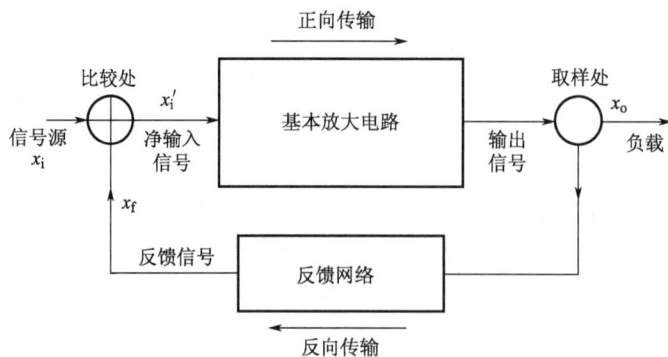

图 5-2-1　反馈放大电路

当反馈信号与输入信号比较时，使放大电路的净输入信号增强的电路为正反馈，正反馈主要用于振荡电路；当反馈信号与输入信号比较时，使净输入信号减弱的电路为负反馈。虽然负反馈使放大电路的放大倍数降低，但是负反馈在电子电路中有着非常广泛的应用，它能在多方面改善放大电路的动态指标，如稳定放大倍数，改变输入、输出电阻，减小非线性失真和展宽通频带等。因此，几乎所有的实用放大电路都带有负反馈。

负反馈放大电路有四种组态，即电压串联、电压并联、电流串联、电流并联。本实训任务是以电压串联负反馈为例，分析负反馈对放大电路各项性能指标的影响。

两级阻容耦合负反馈放大电路如图 5-2-2 所示，在电路中通过 R_F、C_f 把输出电压 u_o 引回到输入端，加在晶体三极管 VT_1 的发射极上，在发射极电阻 R_{F1} 上形成反馈电压 u_f。根据反馈的判断法可知，它属于电压串联负反馈。

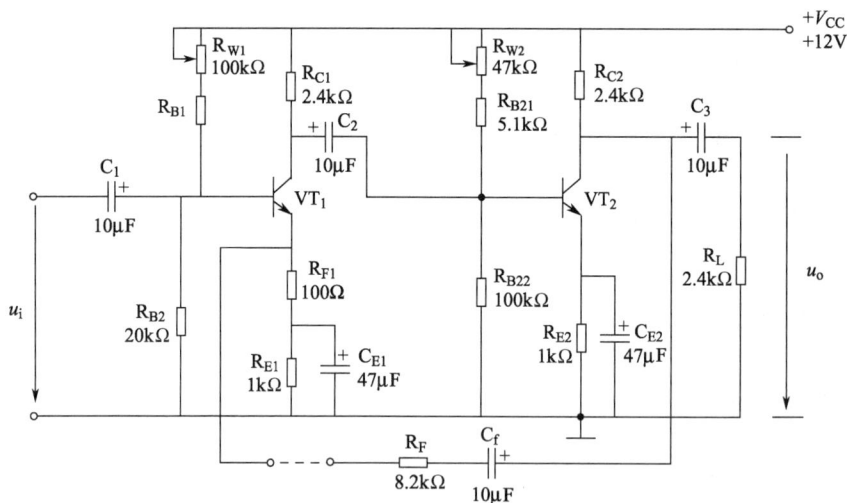

图 5-2-2　两级阻容耦合负反馈放大电路

2. 主要性能指标

闭环电压放大倍数

$$A_{Vf} = \frac{A_V}{1 + A_V F_V}$$

式中：$A_V = U_o/U_i$——基本放大电路（无反馈）的电压放大倍数，即开环电压放大倍数；

$1 + A_V F_V$——反馈深度，它的大小决定了负反馈对放大电路性能改善的程度。

（二）电路元器件明细表

实训电路元器件明细如表 5-2-1 所示。

表 5-2-1 实训电路元器件明细

序号	代号	名称	型号与规格	数量
1	VT_1	晶体三极管	9013（3DG6）	1
2	VT_2	晶体三极管	9013（3DG6）	1
3	R_{W1}	微调电位器	WSW1、100kΩ 0.5W	1
4	R_{W2}	微调电位器	WSW1、47kΩ 0.5W	1
5	C_1、C_2、C_3	电解电容器	CD11、10μF/16V	3
6	C_{E1}、C_{E2}	电解电容器	CD11、47μF/16V	2
7	C_f	电解电容器	CD11、10μF/16V	1
8	R_{B1}、R_{B2}	电阻器	RJ21、20kΩ 1/8W	2
9	R_{C1}、R_{C2}、R_L	电阻器	RJ21、2.4kΩ 1/8W	3
10	R_{B21}	电阻器	RJ21、5.1kΩ 1/8W	1
11	R_{B22}	电阻器	RJ21、10kΩ 1/8W	1
12	R_{E1}、R_{E2}	电阻器	RJ21、1kΩ 1/8W	2
13	R_f	电阻器	RJ21、8.2kΩ 1/8W	1
14	R_{F1}	电阻器	RJ21、100Ω 1/8W	1

技能训练

（一）训练内容

两级阻容耦合负反馈放大电路的装配与调试技能。

（二）训练器材

工具、仪器、材料如表 5-2-2 所示。

表 5-2-2 工具、仪器、材料

工具、仪器	材料
数字示波器一台	连接导线若干
数字信号发生器一台	焊锡丝若干
数字式万用表一台	元器件见表 5-2-1
数字交流毫伏表一台	
电烙铁、镊子、尖嘴钳各一把	
直流稳压电源一台	

（三）训练步骤

首先，按图 5-2-2 所示电路在多孔印制电路板上正确插装、焊接各元器件及电路连接线。然后，检查各元器件装配、连线无误后，接通+12V 电源。最后，调试、测量电路的静态工作点，测量开环电压放大倍数，测量闭环电压放大倍数，测试负反馈对电路非线性失真改善效果。

1. 两级阻容耦合负反馈放大电路的静态工作点（开环状态）的调试与测量

（1）以最大不失真输出为依据进行调试。

按图 5-2-2 连接电路，断开反馈电阻 R_F，置 R_L=2.4kΩ，接通+12V 电源。在该放大电路 u_i 输入端加入频率为 1kHz、U_{pp}=5mV 的正弦信号，在波形不失真的条件下用数字示波器观察 u_o 和 u_i 的相位、幅度关系，根据输入、输出信号是否同相，输出信号幅度是否增大，分析此时电路是否处于放大状态，确定电路放大之后，逐步调节输入信号幅度，同时分别细心调节 R_{W1}、R_{W2} 阻值，使输出信号 u_o 幅度达到最大且不失真，将输入、输出波形记入表 5-2-3 中。

表 5-2-3　电路最大不失真输出时输入、输出波形记录表

输入波形	观察记录数字示波器各挡位、波形参数
	时间挡位： 幅度挡位： 峰-峰值：
输出波形	观察记录数字示波器各挡位、波形参数
	时间挡位： 幅度挡位： 峰-峰值：

（2）测量静态工作点。

断电后去掉输入信号 u_i，即电路处于静态，用数字式万用表分别测量第一级、第二级的静态工作点，记入表 5-2-4 中。

表 5-2-4　静态工作点测量记录表

	U_{BQ}/V	U_{EQ}/V	U_{CQ}/V	U_{BEQ}/V	U_{CEQ}/V
第一级					
第二级					

2. 测量两级阻容耦合负反馈放大电路的开环电压放大倍数 A_V

保持 R_{W1}、R_{W2} 阻值不变。置 R_L=2.4kΩ，断开 R_F，即电路不接入负反馈，处于开环状态，其他连线不动。接通+12V 电源，在放大电路 u_i 输入端加入频率为 1kHz、U_{pp}=5mV 的正弦信号，在波形不失真的条件下用数字示波器观察 u_o 和 u_i 的相位、幅度关系，并计算此时电路的开环电压放大倍数 A_V，记入表 5-2-5 中。

表 5-2-5　两级阻容耦合负反馈放大电路的开环电压放大倍数 A_V 记录表

输入波形	观察记录数字示波器各挡位、波形参数	开环电压放大倍数
	时间挡位： 幅度挡位： 峰-峰值：	$A_V=U_o/U_i=$
开环时的输出波形	观察记录数字示波器各挡位、波形参数	
	时间挡位： 幅度挡位： 峰-峰值：	

注意： 在测试过程中应该保持 R_{W1}、R_{W2} 阻值不变，这是因为调节 R_{W1}、R_{W2} 阻值会改变电路的静态工作点，影响电路对输入信号的放大，如果测试过程中发现输出波形失真，可回到训练步骤"以最大不失真输出为依据进行调试"重新调试电路的静态工作点。

3. 测量两级阻容耦合负反馈放大电路的闭环电压放大倍数 A_{Vf}

保持 R_{W1}、R_{W2} 阻值不变。按图 5-2-2 连接电路之后，置 R_L=2.4kΩ，接入 R_F，即电路接入负反馈，处于闭环状态，其他连线不动。接通+12V 电源，在放大电路 u_i 输入端加入频率为 1kHz、U_{pp}=20mV 的正弦信号，在波形不失真的条件下用数字示波器观察 u_o 和 u_i 的相位、幅度关系，并计算此时电路的闭环电压放大倍数 A_{Vf}，记入表 5-2-6 中。

表5-2-6　两级阻容耦合负反馈放大电路的闭环电压放大倍数 A_{Vf} 记录表

输入波形	观察记录数字示波器各挡位、波形参数	闭环电压放大倍数
	时间挡位： 幅度挡位： 峰-峰值：	$A_{Vf}=U_o/U_i=$
闭环时的输出波形	观察记录数字示波器各挡位、波形参数	
	时间挡位： 幅度挡位： 峰-峰值：	

4. 测试负反馈对非线性失真的改善

保持 R_{W1}、R_{W2} 阻值不变。按图 5-2-2 连接电路之后，置 R_L=2.4kΩ，接入 R_F，即电路接入负反馈，处于闭环状态，其他连线不动。

（1）在该放大电路 u_i 输入端加入频率为 1kHz、U_{pp}=20mV 的正弦信号 u_i，用数字示波器观察 u_o 和 u_i 的相位、幅度关系，调节数字信号发生器的输出旋钮，逐渐增大输入信号的幅度，使输出信号 u_o 幅度达到最大且不失真，记下此时的输入、输出波形与幅度，记入表 5-2-7 中。

表5-2-7　引入负反馈后对非线性失真的改善情况记录表

输入波形	观察记录数字示波器各挡位、波形参数
	时间挡位： 幅度挡位： 峰-峰值：

续表

无负反馈时的输出波形	观察记录数字示波器各挡位、波形参数
	时间挡位： 幅度挡位： 峰-峰值：
有负反馈时的输出波形	**观察记录数字示波器各挡位、波形参数**
	时间挡位： 幅度挡位： 峰-峰值：

（2）保持上述电路形式和数字信号发生器、数字示波器的测量挡位不变，断电后再将 R_F 断开，即电路不接入负反馈，使电路成为开环状态，其他连线不动，通电后记录此时的输入、输出波形与幅度，记入表 5-2-7 中，比较有无负反馈时，输出波形与幅度的变化及对输出信号失真的改善。

（四）知识拓展

直接耦合和光电耦合的简介

单级放大电路的放大能力总是有限的，在单级放大电路不能满足要求时，就要将若干单级电压放大电路串联起来，组成多级放大电路。

在多级放大电路中，级与级之间的连接称耦合。级间耦合应满足两点：一是静态工作点互不影响；二是前级输入信号能顺利传递到后级，而且在传递过程中损耗和失真要尽可能小。常用的耦合方式有阻容耦合、变压器耦合、直接耦合和光电耦合。其中，变压器耦合具有"耦合交流，阻直流"的功能，且可通过原、副边的匝数比进行阻抗匹配来提高传输效率。但由于变压器制造工艺复杂、价格高、体积大、不易于集成化，所以目前除特殊场合外较少采用。阻容耦合参看"任务二 两级阻容耦合负反馈放大电路"。直接耦合和光电耦合是现在使用较多的两种耦合形式。

1. 直接耦合

直接耦合如图 5-2-3 所示。直接耦合的优点是：既能放大交流信号，也能放大直流信号和变化缓慢的信号，这是直接耦合方式所独有的。直接耦合需要解决的问题是前、后级的静态工作点的配置和相互牵连问题。直接耦合便于电路集成化，故在集成电路中得到了广泛应用。

2. 光电耦合

光电耦合如图 5-2-4 所示。放大电路的前级与后级的耦合元件是光电耦合器件，如图 5-2-5 所示。

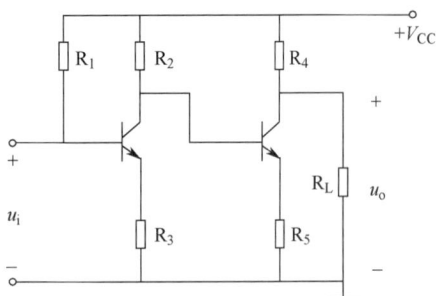

图 5-2-3　直接耦合　　　　　　　　图 5-2-4　光电耦合

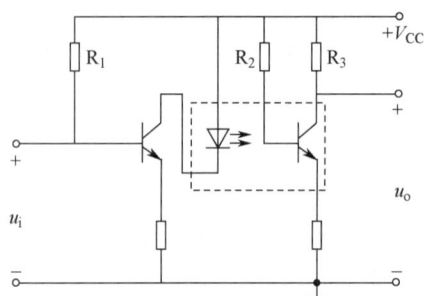

前级的输出信号通过发光晶体二极管转化为光信号，该光信号照射在光电晶体三极管上，被还原为电信号输送至后级输入端。光电耦合既可传输交流信号又可传输直流信号；既可实现前后级的电隔离，又便于集成化。

图 5-2-5　光电耦合器件

（五）技能评价

两级阻容耦合负反馈放大电路的装配与调试技能训练评价详见"工作活页"。

任务三　晶体三极管共集电极放大电路

一、学习目标

1. 掌握晶体三极管共集电极放大电路静态工作点的调试方法；

2．掌握晶体三极管共集电极放大电路的装配（设计、成型、插装、焊接）与调试技能；

3．熟悉常用电子测量仪器的综合使用技能。

二、工作任务

晶体三极管共集电极放大电路的装配与调试技能训练。

三、实践操作

基础知识

（一）工作原理

晶体三极管共集电极放人电路（简称共集电极放大电路）如图 5-3-1 所示。它是一个电压串联负反馈放大电路，具有输入电阻高、输出电阻低，电压放大倍数接近于 1，输出电压能够在较大范围内跟随输入电压作线性变化，以及输入、输出信号同相等特点，因此，该电路又称为射极跟随器或射极输出器。

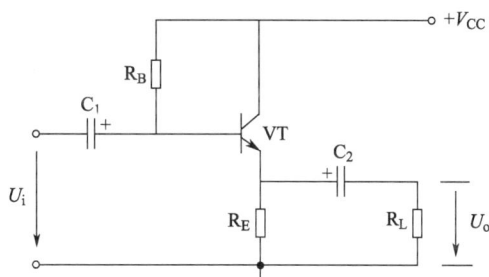

图 5-3-1 晶体三极管共集电极放大电路

1. 电压放大倍数 A_V

由图 5-3-1 所示电路分析可知

$$A_V = \frac{(1+\beta)(R_E \| R_L)}{r_{be} + (1+\beta)(R_E \| R_L)} \leqslant 1$$

上式说明共集电极放大电路的电压放大倍数小于或等于 1，且为正值，也就是输出信号的幅度比输入信号幅度还小些，这是深度电压负反馈的结果。但它的发射极电流仍比基极电流大 $(1+\beta)$ 倍，所以它具有一定的电流和功率放大作用。

2. 输入电阻 R_i

由图 5-3-1 所示电路分析可知

$$R_i = r_{be} + (1+\beta)R_E$$

如考虑偏置电阻 R_B 和负载 R_L 的影响，则

$$R_i = R_B // [r_{be} + (1+\beta)(R_E // R_L)]$$

由上式可知，共集电极放大电路的输入电阻 R_i 比共发射极单管放大电路的输入电阻

$R_i=R_B//r_{be}$ 要高得多，但由于偏置电阻 R_B 的分流作用，输入电阻难以进一步提高。

3. 输出电阻 R_o

由图 5-3-1 所示电路分析可知

$$R_O = \frac{r_{be}}{\beta} \| R_E \approx \frac{r_{be}}{\beta}$$

如考虑信号源内阻 R_S，则

$$R_O = \frac{r_{be} + (R_S \| R_B)}{\beta} \| R_E \approx \frac{r_{be} + (R_S \| R_B)}{\beta}$$

由上式可知，共集电极放大电路的输出电阻 R_O 比共发射极单管放大电路的输出电阻 $R_O \approx R_C$ 低得多，晶体三极管的 β 越高，输出电阻越小。

4. 输入电阻 R_i 和输出电阻 R_o 的测量方法

共集电极放大电路输入和输出电路的等效电路如图 5-3-2 所示，根据图中的电压、电流关系可以看出，只要测量出相应的电压值，便可以求出输入电阻 R_i 和输出电阻 R_O。

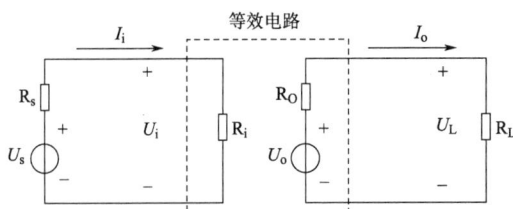

图 5-3-2　共集电极放大电路输入和输出电路的等效电路

1）输入电阻 R_i 的测量

由图 5-3-2 所示电路分析可知

$$R_i = \frac{U_i}{I_i} = \frac{U_i}{\dfrac{U_s - U_i}{R_S}} = \frac{U_i}{U_s - U_i} R_S$$

上式中，R_S 是已知的，因此，只要测量出 U_i、U_o 即可求出输入电阻 R_i。这样就把对电流 I_i 的测量转化为对两个电压的测量。在图 5-3-3 中只要测得 A、B 两点的对地电压数值即可计算出 R_i。

$$R_i = \frac{U_i}{I_i} = \frac{U_i}{U_s - U_i} R$$

2）输出电阻 R_o 的测量

由图 5-3-2 可以看出，输出电阻 R_O 的测试方法，是先测出空载输出电压 U_o，再测接入负载 R_L 后的输出电压 U_L，根据分压公式

$$U_L = \frac{R_L}{R_O + R_L} U_o$$

即可求出 R_O

$$R_O = \left(\frac{U_o}{U_L} - 1 \right) R_L$$

共集电极放大电路的实训电路如图 5-3-3 所示。

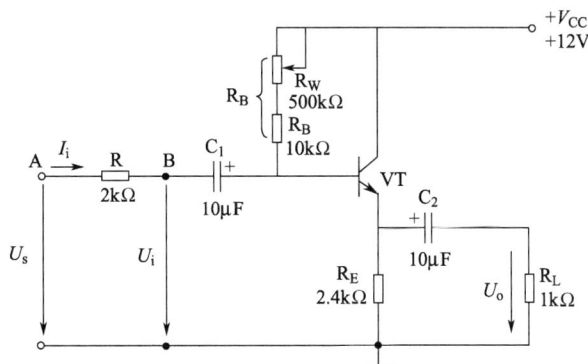

图 5-3-3　共集电极放大电路实训电路

（二）电路元器件明细表

实训电路元器件明细如表 5-3-1 所示。

表 5-3-1　实训电路元器件明细

序号	代号	名称	型号与规格	数量
1	VT	晶体三极管	9013（3DG6）	1
2	R_W	微调电位器	WSW1、500kΩ 0.5W	1
3	C_1、C_2	电解电容器	CD11、10μF/16V	2
4	R_E	电阻器	RJ21、2.4kΩ 1/8W	1
5	R_B	电阻器	RJ21、10kΩ 1/8W	1
6	R_L	电阻器	RJ21、1kΩ 1/8W	1
7	R	电阻器	RJ21、2kΩ 1/8W	1

✎ 技能训练

（一）训练内容

共集电极放大电路的装配与调试技能。

（二）训练器材

工具、仪器、材料如表 5-3-2 所示。

表 5-3-2　工具、仪器、材料

工具、仪器	材料
数字示波器一台	连接导线若干
数字信号发生器一台	焊锡丝若干
数字式万用表一台	元器件见表 5-3-1
数字交流毫伏表一台	

续表

工具、仪器	材料
电烙铁、镊子、尖嘴钳各一把	
直流稳压电源一台	

（三）训练步骤

首先，按图 5-3-3 所示电路在多孔印制电路板上正确插装、焊接各元器件及电路连接线。然后，检查各元器件装配、连线无误后，接通+12V 电源。最后，调试与测量共集电极放大电路的静态工作点及电路参数。

1. 放大电路静态工作点的调试与测量

（1）以最大不失真输出为依据进行静态工作点的调试。

置 R_L=2.4kΩ，接通+12V 电源。B 点处加入频率为 1kHz、U_{pp}=20mV 的正弦信号，在波形不失真的条件下用数字示波器观察放大电路的 u_o 和 u_i 的波形、相位、幅度关系，根据输入、输出信号是否同相，输出信号幅度是否比输入信号幅度小，分析此时电路是否处于放大状态，确定电路放大之后，逐步调节输入信号幅度，同时细心调节 R_W 阻值，使输出信号 u_o 幅度达到最大且不失真，将输入、输出波形记入表 5-3-3 中。

表 5-3-3　电路最大不失真输出时输入、输出波形记录表

输入波形	观察记录数字示波器各挡位、波形参数
	时间挡位： 幅度挡位： 峰-峰值：
输出波形	**观察记录数字示波器各挡位、波形参数**
	时间挡位： 幅度挡位： 峰-峰值：

（2）测量静态工作点。

断电后去掉输入信号 u_i，即电路处于静态，用直流电压表测量 U_{BQ}、U_{EQ}、U_{CQ}、U_{BEQ}、

U_{CEQ} 并计算 I_{EQ}，记入表 5-3-4 中。

表 5-3-4　测量静态工作点记录表

U_{BQ}/V	U_{EQ}/V	U_{CQ}/V	U_{BEQ}/V	U_{CEQ}/V	I_{EQ} (U_{EQ}/R_E) /mA

2. 测量电压放大倍数

（1）电路接入负载电阻（R_L=2.4kΩ）时电压放大倍数 A_V。

保持 R_W 阻值不变。置 R_L=2.4kΩ，接通+12V 电源。B 点处加入频率为 1kHz、U_{pp}=20mV 的正弦信号，在波形不失真的条件下用数字示波器观察放大电路的 u_o 和 u_i 的波形、相位、幅度关系，将输入、输出波形记入表 5-3-5 中，并计算此时电压放大倍数 A_V。

表 5-3-5　电压放大倍数记录表

输入波形	观察记录数字示波器各挡位、波形参数	
	时间挡位： 幅度挡位： 峰-峰值：	
有载（R_L=2.4kΩ）时的输出波形	观察记录数字示波器各挡位、波形参数	有载时的电压放大倍数
	时间挡位： 幅度挡位： 峰-峰值：	A_V=U_o/U_i=
空载时的输出波形	观察记录数字示波器各挡位、波形参数	空载时的电压放大倍数
	时间挡位： 幅度挡位： 峰-峰值：	A_V=U_o/U_i=

（2）电路没有接入负载电阻时电压放大倍数 A_V。

保持上述电路形式和数字信号发生器、数字示波器的测量挡位不变，断电之后，断开负载电阻 R_L，使电路处于空载工作状态，通电后将此时的输出信号 u_o 的波形记入表5-3-5中，并计算此时电压放大倍数 A_V。

注意：在测试过程中应该保持 R_W 阻值不变，这是因为调节 R_W 阻值会改变电路的静态工作点，影响电路对输入信号的放大，如果测试过程中发现输出波形失真，可回到训练步骤"以最大不失真输出为依据进行静态工作点的调试"重新调试电路的静态工作点。

3. 测量输出电阻 R_o

将上述测试步骤中的空载输出电压 U_o，有负载时输出电压 U_L，记入表5-3-6中，并根据公式计算输出电阻值。

表5-3-6　输出电阻 R_o 的测量

输入信号幅度	空载时 U_o/mV	有载时 U_L/mV	R_o/kΩ
$U_{pp}=20$mV			

4. 测量输入电阻 R_i

保持 R_W 阻值不变，置 $R_L=2.4$kΩ，接通+12V电源。在A点加入频率为1kHz、$U_{pp}=20$mV 的正弦信号 u_s，在波形不失真的条件下用数字示波器观察放大电路的 u_o 和 u_s 的波形、相位、幅度关系，用数字交流毫伏表分别测出 A、B 点对地的电压数值 U_s、U_i 记入表5-3-7中，并根据公式计算输入电阻值。

表5-3-7　输入电阻 R_i 的测量

U_s/mV	U_i/mV	R_i/kΩ

（四）知识拓展

晶体三极管共基极放大电路简介

放大电路有三种基本组态，即共发射极、共基极和共集电极电路。共发射极电路的介绍参看"任务一　晶体三极管共发射极放大电路"，共集电极放大电路（也称射极输出器）的介绍参看本节内容。

共基极放大电路的主要特点是输入电阻小，其他性能指标在数值上与共发射极放大电路基本相同。由于共基极放大电路的频率特性好，因此多用于高频和宽频带电路中。

共基极放大电路原理图如图5-3-4（a）所示，其中 R_c 为集电极电阻，R_{b1}，R_{b2} 为基极分压偏置电阻；图5-3-4（b）所示为其直流通路；图5-3-4（c）为其交流通路。

由图5-3-4（b）可以看出，共基极放大电路的直流通路与分压式偏置电路的直流通路完全相同，因此其工作点求法也完全相同。

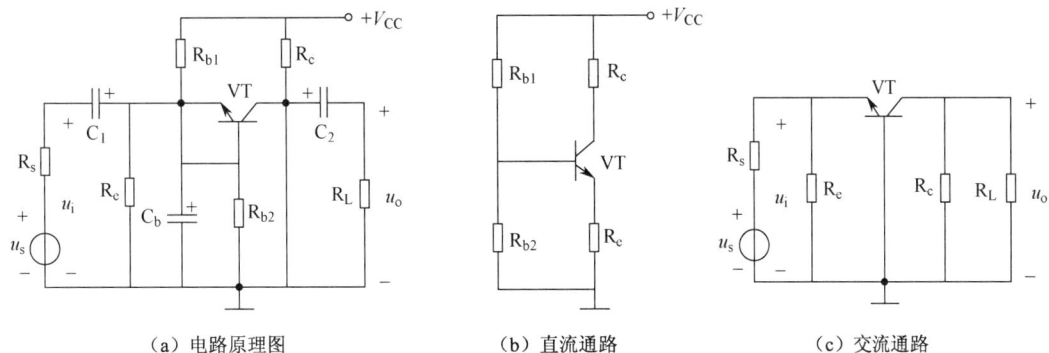

（a）电路原理图 　　　　（b）直流通路 　　　　（c）交流通路

图 5-3-4　晶体三极管共基极放大电路

由此可见，共基极放大电路有如下特点：电压放大倍数在数值上与共发射极放大电路的相同，但它的值是正的，这表明，共基极放大电路的 u_o 与 u_i 之间同相；共基极放大电路的输入电阻很低，一般只有几欧姆至几十欧姆；共基极放大电路的输出电阻较高，它没有电流放大能力。

（五）技能评价

晶体三极管共集电极放大电路的装配与调试技能训练评价详见"工作活页"。

任务四　OTL 互补对称功率放大电路

一、学习目标

1. 掌握 OTL 互补对称功率放大电路的调试方法，分析静态工作点对 OTL 互补对称功率放大电路性能的影响；

2. 掌握 OTL 互补对称功率放大电路的装配（设计、成型、插装、焊接）与调试技能；

3. 熟悉电子技术实训中常用电子测量仪器的综合使用方法。

二、工作任务

OTL 互补对称功率放大电路的装配与调试技能训练。

三、实践操作

基础知识

（一）工作原理

OTL 互补对称功率放大电路如图 5-4-1 所示。其中由晶体三极管 VT_1 组成推动级（也称前置放大级），VT$_2$、VT$_3$是一对参数对称的 NPN 和 PNP 型晶体三极管，它们组成互补推挽 OTL 功放电路。由于这两只晶体三极管都接成射极输出器形式，因此具有输出电阻低，负载能力强等优点，适合做功率输出级。晶体三极管 VT$_1$ 工作在甲类状态，它的集电极电流 I_{C1} 由电位器 R$_{W1}$ 进行调节。I_{C1} 的一部分流经电位器 R$_{W2}$ 及晶体二极管 VD，给 VT$_2$、VT$_3$ 提供偏压。调节 R$_{W2}$，可以使 VT$_2$、VT$_3$ 得到合适的静态电流而工作于甲乙类状态，以克服交越失真。静态时要求输出端中点 A 的电位 $V_A = \frac{1}{2}V_{CC}$，这可以通过调节 R$_{W1}$ 来实现，又由于 R$_{W1}$ 的一端接在 A 点，因此在电路中引入交、直流电压并联负反馈，一方面能够稳定放大电路的静态工作点，另一方面也能改善非线性失真。

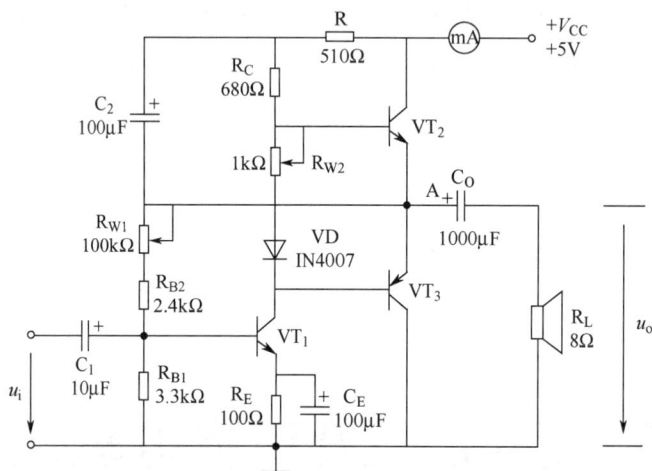

图 5-4-1　OTL 互补对称功率放大电路

当输入正弦交流信号 u_i 时，经 VT$_1$ 放大、倒相后同时作用于 VT$_2$、VT$_3$ 的基极，u_i 的负半周使 VT$_2$ 导通（VT$_3$ 截止），有电流通过负载 R$_L$，同时向电容 C$_O$ 充电；在 u_i 的正半周，VT$_3$ 导通（VT$_2$ 截止），则已充好电的电容器 C$_O$ 起着电源的作用，通过负载 R$_L$ 放电，这样在 R$_L$ 上就得到完整的正弦波。

C$_2$ 和 R 构成自举电路，用于提高输出电压正半周的幅度，以得到大的动态范围。

OTL 互补对称功率放大电路的主要性能指标有以下几个。

1. 最大不失真输出功率 P_{om}

理想情况下，$P_{om} = \frac{1}{8} \frac{V_{CC}^2}{R_L}$，在实训中可通过测量 R$_L$ 两端的电压有效值，来求得实际的最大不失真输出功率

$$P_{om} = \frac{U_O^2}{R_L}$$

2. 效率 η

理想情况下，$\eta_{max}=78.5\%$。在实训中可测量电源供给的平均电流 I_{DC}，从而求得直流电源供给的平均功率 $P_{DC}=V_{CC} \times I_{DC}$，负载上的交流功率已用上述方法求出，因而也就可以计算实际效率

$$\eta = \frac{P_{\text{om}}}{P_{\text{DC}}} \times 100\%$$

（二）电路元器件明细表

实训电路元器件明细表如表 5-4-1 所示。

表 5-4-1　实训电路元器件明细表

序号	代号	名称	型号与规格	数量
1	VT_1	晶体三极管	9013（3DG6）	1
2	VT_2	晶体三极管	9013（3DG12）	1
3	VT_3	晶体三极管	9012（3CG12）	1
4	VD	晶体二极管	1N4007	1
5	R_{W1}	微调电位器	WSW1、100kΩ 0.5W	1
6	R_{W2}	微调电位器	WSW1、1kΩ 0.5W	1
7	C_1	电解电容器	CD11、10μF/16V	1
8	C_2	电解电容器	CD11、100μF/16V	1
9	C_O	电解电容器	CD11、100μF/16V	1
10	C_{E1}	电解电容器	CD11、100μF/16V	1
11	R	电阻器	RJ21、510Ω 1/8W	1
12	R_E	电阻器	RJ21、100Ω 1/8W	1
13	R_C	电阻器	RJ21、680Ω 1/8W	1
14	R_{B2}	电阻器	RJ21、2.4kΩ 1/8W	1
15	R_{B1}	电阻器	RJ21、3.3kΩ 1/8W	1
16	R_L	扬声器	8Ω	1

技能训练

（一）训练内容

OTL 互补对称功率放大电路的装配与调试技能。

（二）训练器材

工具、仪器、材料如表 5-4-2 所示。

表 5-4-2　工具、仪器、材料

工具、仪器	材料
数字示波器一台	连接导线若干
数字信号发生器一台	焊锡丝若干

续表

工具、仪器	材料
数字式万用表一台	元器件见表 5-4-1
数字交流毫伏表一台	
电烙铁、镊子、尖嘴钳各一把	
直流稳压电源一台	

（三）训练步骤

首先，按图 5-4-1 所示电路在多孔印制电路板上正确插装、焊接各元器件及电路连接线。然后，检查各元器件装配、连线无误后，接通+5V 电源。最后，测量与调试 OTL 互补对称功率放大电路的静态工作点，测量最大输出功率 P_{om}。

1. OTL 互补对称功率放大电路静态工作状态的调试

按图 5-4-1 连接实训电路，不接入输入信号（$u_i=0$），即电路处于静态，电源进线中串入数字式万用表，电位器 R_{W2} 置最小值，R_{W1} 置中间位置。接通+5V 电源，观察数字式万用表的数值，同时用手触摸输出级晶体三极管，若电流过大或晶体三极管温度升高显著，应立即断开电源检查原因（如 R_{W2} 开路、电路自激，或输出管性能不好等）。如无异常现象，可以开始调试。

（1）调节 R_{W1}，调整输出端中点电位 V_A。

调节电位器 R_{W1}，用数字式万用表测量 A 点电位，使 $V_A = \frac{1}{2}V_{CC}$。

（2）调节 R_{W2}，调整输出级 VT_2、VT_3 工作状态。

从减小交越失真角度而言，应适当加大输出级静态电流，但该电流过大，会使效率降低，所以一般以 5～10mA 为宜，此时 VT_2、VT_3 处于轻微导通状态。但是，由于数字式万用表需要断开 VT_2、VT_3 的集电极电路才能串联接入进行测量，否则会造成电路破损，所以通常可以通过调节 R_{W2} 的阻值使 VT_2、VT_3 两管基极之间的静态电压差为 1.4V，从而可使 VT_2、VT_3 两管处于甲乙类工作状态。在调整 R_{W2} 时，要注意旋转方向，不要调得过大，更不能开路，以免损坏输出管。

2. OTL 互补对称功率放大电路各级静态工作点的测量

（1）以最大不失真输出为依据进行静态工作点的调试。

保持 R_{W1}、R_{W2} 阻值不变。置 $R_L=8\Omega$，接通+5V 电源。输入端加入频率为 1kHz、$U_{pp}=10mV$ 的正弦信号，在波形不失真的条件下用数字示波器观察放大电路的 u_o 和 u_i 的波形、相位、幅度关系，根据输入、输出信号是否反相，输出信号幅度是否得到放大，分析此时电路是否处于放大状态，确定电路放大之后，逐步调节输入信号幅度，使输出信号 u_o 幅度达到最大且不失真，将输入、输出波形记入表 5-4-3 中。

表 5-4-3　电路最大不失真输出时输入、输出波形记录表

输入波形	观察记录数字示波器各挡位、波形参数
	时间挡位： 幅度挡位： 峰-峰值：
输出波形	观察记录数字示波器各挡位、波形参数
	时间挡位： 幅度挡位： 峰-峰值：

（2）测量静态工作点。

断电后去掉输入信号 u_i，即电路处于静态，用直流电压表测量 U_{BQ}、U_{EQ}、U_{CQ}、U_{BEQ}、U_{CEQ}，记入表 5-4-4 中。

表 5-4-4　静态工作点测量记录表

测量项目	U_{BQ}/V	U_{EQ}/V	U_{CQ}/V	U_{BEQ}/V	U_{CEQ}/V
VT_1					
VT_2					
VT_3					

注意：在测试过程中应该保持 R_{W1}、R_{W2} 阻值不变，这是因为调节 R_{W1}、R_{W2} 阻值会改变电路的静态工作点，影响电路对输入信号的放大，如果测试过程中发现输出波形失真，可回到训练步骤"以最大不失真输出为依据进行静态工作点的调试"重新调试电路的静态工作点。

3. 不同负载下最大输出功率 P_{om} 的测量

（1）保持 R_{W1}、R_{W2} 阻值不变。置 $R_L=8\Omega$，接通 +5V 电源。输入端加入频率为 1kHz、$U_{pp}=10mV$ 的正弦信号，在波形不失真的条件下用数字示波器观察放大电路的 u_o 和 u_i 的波形、相位、幅度关系，确定电路放大之后逐渐加大输入信号的幅度，使输出信号 u_o 幅度达到最大且不失真，用数字交流毫伏表测出负载 R_L 上的电压，记入表 5-4-5 中。

表 5-4-5　不同负载下最大输出功率 P_{om} 的测量记录表

测量项目	U_i/V	U_o/V	P_{om}（理论值）	P_{om}（测量值）
R_L=8Ω				
R_L=32Ω				

（2）保持 R_{W1}、R_{W2} 阻值不变。置 R_L=32Ω，接通+5V 电源。输入端加入频率为 1kHz、U_{pp}=10mV 的正弦信号，在波形不失真的条件下用数字示波器观察放大电路的 u_o 和 u_i 的波形、相位、幅度关系，确定电路放大之后逐渐加大输入信号的幅度，使输出信号 u_o 幅度达到最大且不失真，用数字交流毫伏表测出负载 R_L 上的电压，记入表 5-4-5 中。

4. 测量 OTL 互补对称功率放大电路的交越失真

（1）保持 R_{W1}、R_{W2} 阻值不变。置 R_L=8Ω，接通+5V 电源。输入端加入频率为 1kHz、U_{pp}=10mV 的正弦信号，在波形不失真的条件下用数字示波器观察放大电路的 u_o 和 u_i 的波形、相位、幅度关系，确定电路放大之后逐渐调节输入信号的幅度，使输出信号 u_o 幅度达到最大且不失真，将此时的输入、输出波形记入表 5-4-6 中。

（2）保持电路状态不变，将晶体二极管 VD 短路，即去掉 VT_2、VT_3 的静态偏置电压，让两管不处于甲乙类工作状态，此时输出信号 u_o 会出现交越失真，将此时的输出波形记入表 5-4-6 中。

表 5-4-6　测量 OTL 互补对称功率放大电路的交越失真记录表

输入波形	观察记录数字示波器各挡位、波形参数
	时间挡位： 幅度挡位： 峰-峰值：
输出波形	**观察记录数字示波器各挡位、波形参数**
	时间挡位： 幅度挡位： 峰-峰值：

交越失真时的输出波形	观察记录数字示波器各挡位、波形参数
	时间挡位： 幅度挡位： 峰-峰值：

5. 测量 OTL 互补对称功率放大电路的效率 η

（1）保持 R_{W1}、R_{W2} 阻值不变。置 $R_L=8\Omega$，接通+5V 电源。输入端加入频率为 1kHz、$U_{pp}=10mV$ 的正弦信号，在波形不失真的条件下用数字示波器观察放大电路的 u_o 和 u_i 的波形、相位、幅度关系，确定电路放大之后逐渐加大输入信号的幅度，使输出信号 u_o 的幅度达到最大且不失真，此时用数字交流毫伏表测出负载 R_L 上的电压，记入表 5-4-7 中。

表 5-4-7　测量 OTL 互补对称功率放大电路的效率记录表

U_i/V	U_o/V	$P_{om}=U_o^2/R_L$	I_{DC}/mA	$P_{DC}=V_{CC}I_{DC}$	$\eta=\dfrac{P_{om}}{P_{DC}}$

（2）保持上述电路形式和数字信号发生器、数字示波器的测量挡位不变，断电之后，将数字式万用表串联接入电路电源进线处。通电后读出数字式万用表中的电流值，记入表 5-4-7 中。此电流即为直流电源供给的平均电流 I_{DC}（有一定误差），由此可近似求得 $P_{DC}=V_{CC}I_{DC}$，再根据训练步骤 3 测得的 P_{om}，即可求出 $\eta=\dfrac{P_{om}}{P_{DC}}$。

6. 试听 OTL 互补对称功率放大电路的音频质量

输入信号改为音乐芯片或录音机音频输出，输出端接试听音箱。开机试听，并试听音乐信号的音频质量。

（四）知识拓展

复合晶体三极管的应用简介

输出功率大的功放电路中，必须采用大功率晶体三极管。由于大功率管的电流放大系数 β 往往较小，而且在互补对称电路中选用对称管也比较困难。在实际应用中，常采用复合晶体三极管来解决这两个问题。

所谓复合晶体三极管是指用两只或多只晶体三极管按一定规律组合，等效成一只晶体三极管，复合晶体三极管的组合方式如图 5-4-2 所示。

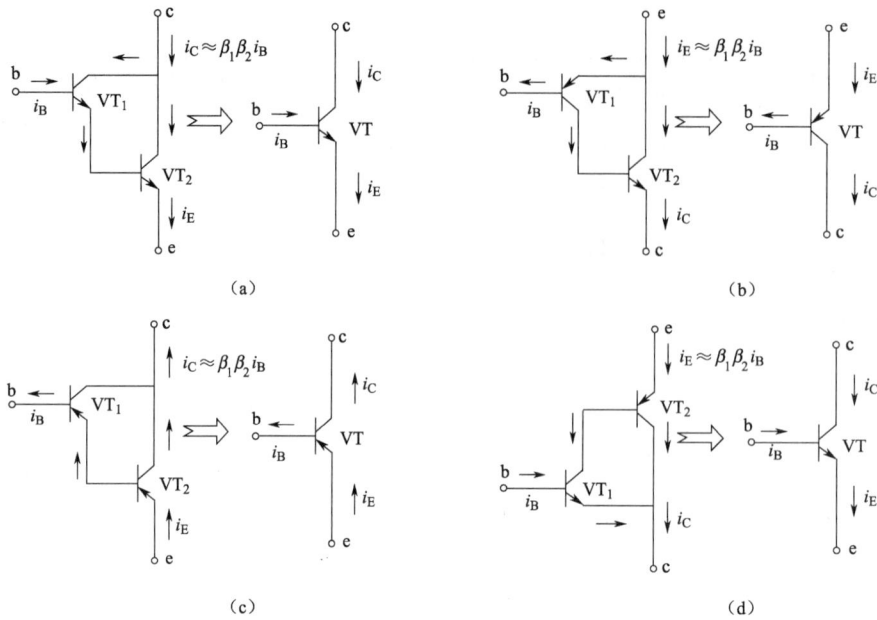

图 5-4-2　复合晶体三极管的组合方式

复合晶体三极管组合的原则是：

（1）保证参与复合的每只晶体三极管的三个电极的电流按各自的正确方向流动。

（2）复合晶体三极管的类型取决于前一只晶体三极管。

复合晶体三极管的电流放大系数约为两只晶体三极管电流放大系数的乘积。

实际运用中达林顿复合晶体三极管是使用较为普遍的复合晶体三极管。达林顿复合晶体三极管如图 5-4-3（a）所示。

达林顿复合晶体三极管是由两只 NPN 晶体三极管组合而成的一种复合晶体三极管，其组合示意图如图 5-4-3（b）所示；其中第一只晶体三极管（VT_1）是 CC 组态（射极跟随器），第二只晶体三极管（VT_2）是 CE 组态。从功能上来说，该达林顿复合晶体三极管实际上等效于一只 CE 组态的 NPN 晶体三极管（极性与 VT_2 管相同）。由于作为射极跟随器的 VT_1 和发射极接地的 VT_2 这两只晶体三极管都具有很大的电流增益，因此达林顿复合晶体三极管的总电流增益也就更大（总增益等于 VT_1 和 VT_2 的电流增益的乘积）。达林顿复合晶体三极管的输入电阻是由较高的 VT_1 的输入电阻与其后面的折合电阻串联而成的，故达林顿复合晶体三极管的输入电阻也很高。正因为达林顿复合晶体三极管具有很大的电流增益和很高的输入电阻，所以它在集成电路中得到了广泛的应用。

（a）达林顿复合晶体三极管　　（b）达林顿复合晶体三极管组合示意图

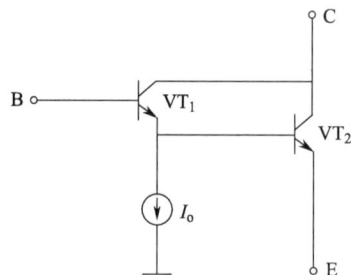

图 5-4-3　达林顿复合晶体三极管及其组合示意图

（五）技能评价

OTL 互补对称功率放大电路的装配与调试技能训练评价详见"工作活页"。

任务五 集成运算电路模块与应用

一、学习目标

1. 掌握智能环保路灯控制电路的调试技能；
2. 能够分析光敏电阻状态对路灯控制电路性能的影响；
3. 掌握智能环保路灯控制电路的装配（设计、成型、插装、焊接）与调试方法；
4. 熟悉常用电子测量仪器的综合使用方法。

二、工作任务

智能环保路灯控制电路的装配与调试技能训练。

三、实践操作

基础知识

（一）集成运算放大器基础知识

集成运算放大器是将高放大倍数、高输入电阻、低输出电阻的直接耦合放大电路集成化的一种器件。它的应用十分广泛，已成为通用性很强的集成增益器件。

1. 集成运算放大器的内部结构

虽然集成运算放大器具有多种型号且内部构造各异，但是其基本电路架构通常都包含四个主要部分，分别是：输入级、中间级、输出级及偏置电路，集成运算放大器的基本组成如图 5-5-1 所示。

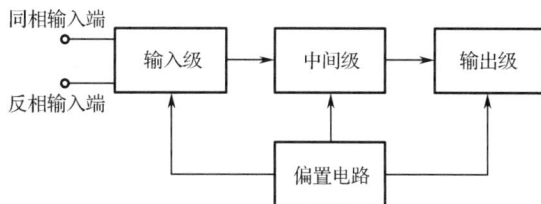

图 5-5-1 集成运算放大器的基本组成

输入级通常采用差分放大电路，其目的是减少零点漂移并抑制共模干扰。差动放大电路的两个输入端口也就是集成运算放大器的两个输入端。

中间级通常由共射极放大电路组成，可以进行电压的放大。而输出级则常常采用射极跟随器或互补对称电路，可以提供足够大的电压和电流输出，同时具备较小的输出电阻及较强的带负载能力。

偏置电路可以为各级电路提供稳定且适当的偏置电流，以确定各部分电路的静态工作点。

2. 集成运算放大器的主要参数

（1）开环电压放大倍数 A_{VO}。

集成运算放大器在没有外接反馈电路时的差模电压放大倍数。

（2）差模输入电阻 r_{id}。

集成运算放大器在开环状态下，输入差模信号时的输入电阻，可以理解为从两个输入端口之间观察到的等效电阻。r_{id} 越大，集成运算放大器从信号源索取的电流越小，对信号源的影响就越小。

（3）开环输出电阻 r_{od}。

集成运算放大器在开环状态下，其输出端呈现的交流等效电阻。r_{od} 越小，集成运算放大器带负载能力越强。

（4）共模抑制比 K_{CMR}。

$K_{CMR} = \dfrac{A_{vd}}{A_{vc}}$，常用分贝表示，这个参数表示集成运算放大器对共模信号的抑制能力，它主要取决于输入级差动放大电路的共模抑制性能。

3. 理想状态下的集成运算放大器

在理想状态下，集成运算放大器的参数如下。

（1）开环电压放大倍数 $A_{VO} = \infty$。

（2）差模输入电阻 $r_{id} = \infty$，这表示集成运算放大器几乎不会从信号源索取电流。

（3）开环输出电阻 $r_{od} = 0$，这表示集成运算放大器具有极强的负载驱动能力。

（4）共模抑制比 $K_{CMR} = \infty$，这表示集成运算放大器对共模信号有极强的抑制能力。

以上是理想情况下的参数，实际上，由于制造工艺、器件限制等因素，实际的集成运算放大器无法达到这些理想的参数值。

根据上述理想条件，若集成运算放大器工作在线性放大区，便可得出如下两个重要结论。

结论1：在理想状态下，集成运算放大器两输入端的电压相等——"虚短"。

集成运算放大器工作在线性区时，输出电压 u_o 与两个输入端电压 u_+、u_- 有以下关系式

$$u_o = A_{VO}(u_+ - u_-)$$

因 $A_{VO} = \infty$，输出电压 u_o 为有限值，所以 $(u_+ - u_-) = 0$，即

$$u_+ = u_-$$

但是实际上并没有发生物理上的短路，所以称这种情况为"虚假短路"。

结论2：在理想状态下，集成运算放大器输入电流等于零——"虚断"。

在理想状态下，集成运算放大器的差模输入电阻 $r_{id} = \infty$，相当于两输入端不取用电流，即

$$i_+ = i_- = 0$$

实际上 r_{id} 不可能无限大，i_i 只能是近似为零，称为"虚假断路"。

上述两个重要结论是基于理想条件下的集成运算放大器推导出来的。在实际应用中，集成运算放大器与理想的模型总会存在一定的差异。然而，随着集成电路技术的进步，现代高性能运算放大器的参数已经非常接近理想条件。在分析实际集成运算放大器电路时，可以使用这两个理想化结论作为出发点，结果通常不会有明显的偏差，这种方法在工程实践中是被广泛接受的。

因此，理解和掌握由理想的集成运算放大器得出的"虚短"和"虚断"这两个重要结论，在分析集成运算放大器工作于线性状态时非常重要。

（二）智能环保路灯控制电路工作原理

1. LM324 四运放集成电路的特点、引脚功能以及参数

智能环保路灯控制电路的核心元件是 LM324 四运放集成电路，它采用 14 脚双列直插塑料封装，这款集成电路的内部包含四组形式完全相同的运算放大器，除了电源部分是共用的，这四组运算放大器相互独立工作。每一组运算放大器可以用图 5-5-2 所示的符号来表示。这个符号通常包括一个三角形（代表放大器），输入和输出引脚等元素。其中"+""-"为两个信号输入端，"v_O"为输出端。两个信号输入端中，v_N（-）为反相输入端，表示运算放大器输出端 v_O 的信号与该输入端的相位相反，v_P（+）为同相输入端，表示运算放大器输出端 v_O 的信号与该输入端的相位相同。LM324 引脚接线如图 5-5-3 所示，在分析电路时将每个运算放大器视为一个独立的单元，根据需要连接成各种不同的电路结构以实现特定的功能，如比较、滤波或增益调整等。

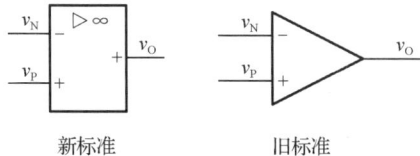

图 5-5-2　运算放大器符号

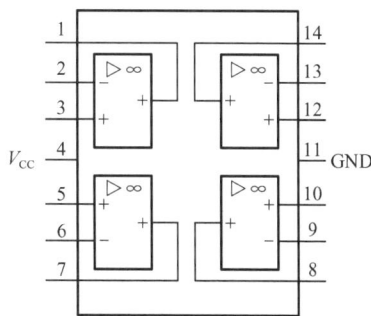

图 5-5-3　LM324 引脚接线

2. 光敏电阻工作原理

光敏电阻是一种使用半导体材料制成的光电元件，其工作原理是光照射在半导体材料上会改变其电导率。当有光线照射到光敏电阻上时，其阻值通常会变小，而且光照强度越强，光敏电阻的阻值就越低。一旦光照消失，光敏电阻的阻值就会逐渐恢复到原来的值。

光敏电阻具有以下性能和特点。

（1）环氧树脂封装。

这种封装方式能够提供良好的保护，使光敏电阻免受环境影响，提高其可靠性。

（2）体积小。

小巧的尺寸使光敏电阻易于集成到各种电路设计中。

（3）灵敏度高。

光敏电阻对光强度的变化反应敏感，即使是很微弱的光变化也能被检测出来。

（4）反应速度快。

光敏电阻能够迅速响应光线的变化，适用于需要快速响应的应用场景。

（5）光谱特性好。

光敏电阻可以对特定波长范围内的光有很好的响应，这使它们可以用于不同的光探测应用。

光敏电阻在室温和一定光照条件下的稳定电阻值称为亮电阻或亮阻。亮电阻代表光敏电阻在有光线照射时的电阻状态，通常比暗电阻要小很多。在智能环保路灯控制电路中，光敏电阻的亮阻是 $10k\Omega$，这是一个相对较高的数值，说明在光照条件下，该光敏电阻仍然保持一定的电阻。

而光敏电阻在室温和全暗条件下的稳定电阻值称为暗电阻或暗阻。暗电阻表示光敏电阻在无光线照射时的电阻状态，通常是光敏电阻的最大电阻值。在智能环保路灯控制电路中，光敏电阻的暗阻大于 $6M\Omega$，这是一个非常大的电阻值，表明在黑暗环境下，光敏电阻呈现很高的电阻特性。

3. 智能环保路灯控制电路原理

智能环保路灯控制电路如图 5-5-4 所示，其工作原理是利用光敏电阻 R_G 来检测环境光线强度，并根据这个信号来控制 LED 的工作状态。在亮暗两种状态下，光敏电阻 R_G 会让集成运算放大器的输入端形成明显的电位差。

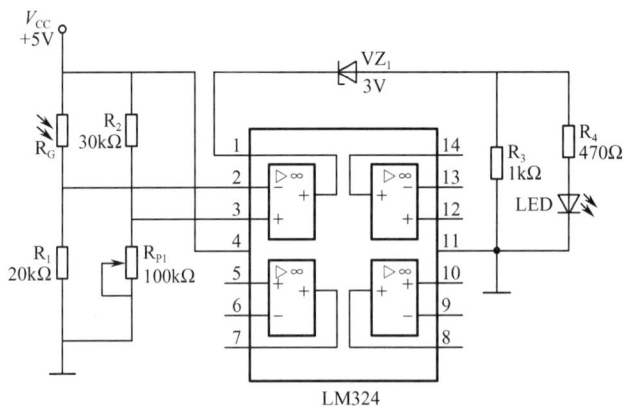

图 5-5-4　智能环保路灯控制电路

在不遮光的情况下，也就是有足够光照时，光敏电阻 R_G 的阻值会降低，使运算放大器一个输入端的电压比另一个输入端低。这种情况下，运算放大器输出低电平（接近地电位或电源负极电压）。由于 LED 通常是与正向偏置的开关元件（如晶体管）相连，因此当运算放大器输出低电平时，LED 将不会点亮。

当环境变暗，如受到遮挡，光敏电阻 R_G 的阻值会增加，使运算放大器的两个输入端之间的电位差发生变化。在这种情况下，运算放大器的输出将变为高电平（接近电源正极电压），LED 点亮。

（三）电路元器件明细表

实训电路元器件明细表见表 5-5-1。

表 5-5-1　实训电路元器件明细表

序号	代号	名称	型号与规格	数量
1	R_1	电阻器	20kΩ	1
2	R_2	电阻器	30kΩ	1
3	R_3	电阻器	1kΩ	1
4	R_4	电阻器	470Ω	1
5	R_{P1}	电位器	100kΩ	1
6	VZ_1	稳压管	3V	1
7	LED	发光二极管	ϕ5mm 红管	1
8	IC_1	四运放	LM324	1
9	R_G	光敏电阻	暗阻较大	1
10	J_1	电源插座	排针	1

技能训练

（一）训练内容

智能环保路灯控制电路的装配与调试。

（二）训练器材

工具、仪器、材料见表 5-5-2。

表 5-5-2　工具、仪器、材料

工具、仪器	材料
数字式万用表一台	连接导线若干
电烙铁、镊子、斜口钳各一把	焊锡丝若干
螺丝刀	元器件见表 5-5-1
直流稳压电源一台	

（三）训练步骤

1. 清点检测元器件

对照表5-5-3，检查测试元器件功能是否正常，检测过程中如有元器件损坏或者缺漏请及时更换。

表5-5-3　实训电路元器件检测表

序号	代号	名称	型号与规格	数量	检测工具	功能是否正常/数量是否正确
1	R_1	电阻器	20kΩ	1	数字式万用表电阻挡	
2	R_2	电阻器	30kΩ	1		
3	R_3	电阻器	1kΩ	1		
4	R_4	电阻器	470Ω	1		
5	R_{P1}	电位器	100kΩ	1		
6	VZ_1	稳压管	3V	1	数字式万用表二极管挡（检测单向导电性）	
7	LED	发光二极管	φ5mm 红管	1		
8	IC_1	四运放	LM324	1		
9	R_G	光敏电阻	暗电阻较大	1	数字式万用表电阻挡（检测亮电阻及暗电阻）	
10	J_1	电源插座	排针	1		

2. 正确放置并焊接元器件

在印制电路板上焊接电子元器件时，需要注意以下几点。

（1）焊点的大小、形状和外观。焊点应该适中、光滑、圆润且干净，没有毛刺。这样的焊点可以确保良好的电气连接，并且不会导致短路或断路。

（2）避免漏焊、假焊、虚焊和连焊。这些都是常见的焊接问题，需要检查每个焊点，确保它们都牢固地连接到了印制电路板上。

（3）引脚加工尺寸和成形。引脚的长度和形状应符合工艺要求，其长度应足够长，以便于焊接，但又不能太长以至于影响其他元件或者造成短路。

（4）导线长度和剥线头长度。过长的导线可能会引起干扰，而过短的导线则可能无法达到预期的效果。

（5）芯线完好无损。确保芯线没有被损坏，否则可能导致断路。

（6）插件位置正确。所有的插件（如插座、接口等）都应放置在印制电路板的正确位置上。

（7）插接件和紧固件安装可靠牢固。将这些元件紧密固定在印制电路板上，以防止它们松动。

（8）元器件、导线安装及元器件上字符标示方向均应符合工艺要求。所有元器件和导线都应当按照正确的方向安装，并且字符标示也应当面向正确的方向。

（9）印制电路板和元器件无烫伤和划伤。在操作过程中要小心，不要对印制电路板和元器件造成任何损伤。

（10）整机清洁无污物。整个设备应当保持清洁，没有任何多余的材料或者污垢。

智能环保路灯控制电路实物如图 5-5-5 所示。

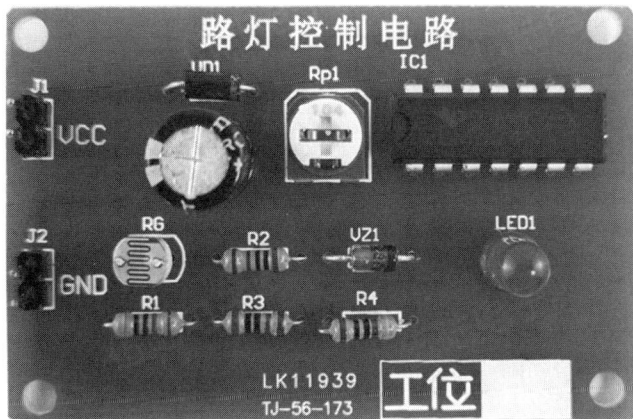

图 5-5-5　智能环保路灯控制电路实物

3. 智能环保路灯控制电路功能测试

（1）接入+6V 电源，调节 R_{P1} 使 IC_1 引脚 3 的电压为 3V。

（2）在正常光照下，光敏电阻 R_G 不遮光，观察 LED 发光状态。

（3）用黑色胶布掩盖光敏电阻 R_G，观察 LED 发光状态。

（4）将以上观察结果填入表 5-5-4 中。

表 5-5-4　LED 发光状态记录表

实验操作	正常光照	遮光
LED 发光状态		

4. 测量 IC_1 各引脚电压

（1）接入+6V 电源，调节 R_{P1} 使 IC_1 引脚 3 的电压为 3V。使用数字式万用表测量 IC_1 各引脚电压并填入表 5-5-5 中。

表 5-5-5　正常光照下 IC_1 各引脚电压记录表

IC_1 引脚	1	2	3	4	5	6	7
测得电压/V							
IC_1 引脚	8	9	10	11	12	13	14
测得电压/V							

（2）用黑色胶布掩盖光敏电阻 R_G，使用数字式万用表测量 IC_1 各引脚电压并填入表 5-5-6 中。

表 5-5-6　遮光状态下 IC₁ 各引脚电压记录表

IC₁引脚	1	2	3	4	5	6	7
测得电压/V							
IC₁引脚	8	9	10	11	12	13	14
测得电压/V							

（四）知识拓展

集成运算放大器的使用常识

在使用集成运算放大器（简称集成运放）时，需要根据所选用的集成运放和遇到的问题，灵活应用一些小技巧。以下是一些常见的使用常识。

1. 集成运放常见的故障

（1）不能调零。

电路没有加入外接反馈电阻可能产生不能调零的故障。若电路已接入合适的反馈电阻形成闭环后，还出现不能调零问题，其原因可能是接线错误、电路虚焊或集成运放损坏。

（2）阻塞。

阻塞现象是指集成运放工作在闭环状态下，输出电压接近正电源或负电源电压极限值，不能调零，信号无法输入的情况。阻塞原因可能是输入信号过大或干扰信号过强，导致集成运放内的某些管子进入饱和或截止状态。解决方法是断开电源再重新接通，或将两个输入端短接即能恢复正常。

（3）自激。

自激现象表现为集成运放工作不稳定，尤其是当人体或金属物靠近它时，这种不稳定性会更加明显。其原因是 RC 补偿元件参数设计不当，输出端有容性负载或接线太长等。解决方法有重新调整 RC 补偿元件参数，加强正、负电源退耦合或在反馈电阻两端并联电容等。

2. 集成运放三种常用的保护措施

（1）电源极性反接保护。

电源极性反接保护电路如图 5-5-6 所示，在正、负电源连接线上分别串联二极管 VD_1 和 VD_2。保护原理是利用二极管的单向导电性，当电源极性为正时，它正常导通；一旦电源极性接反，二极管反偏截止，电源不通，保护了集成运放。

需要注意的是，虽然这种方法可以防止电源极性接反导致的损坏，但它不能保护集成运放免受过压或短路等其他问题的影响。因此，在设计电路时还需要考虑其他的保护措施。

（2）输入保护。

为了防止输入信号过大导致集成运放输入级的损坏，可以添加输入保护电路，如图 5-5-7 所示。该电路利用两只二极管组成一个 0.7V 正反向限幅器来限制过高的输入电压。无论输入信号的极性是正还是负，只要超过二极管导通电压，则 VD_1 或 VD_2 中就会有一个导通，导通压降为0.7V，从而限制了输入信号的幅度，起到了保护作用。但是，这种保护电路可能会导致输入信号失真，因为任何超过0.7V的信号都将被钳位在这个值上。因此，在设计电路时需要权衡信号质量与保护的需求。

（3）输出保护。

为了防止输出端可能接到外部过高的电压而导致集成运放的损坏，可以在集成运放的输出端反向串联两只稳压二极管。输出保护电路如图5-5-8所示。当输出端出现过高的正向或负向电压时，总会有一只稳压二极管导通，另一只则会反向击穿，从而将输出电压限制在安全范围内。选择稳压二极管的稳压值时，应确保其大于集成运放的最大正常工作输出电压，以免在正常操作过程中影响信号的输出。同时，稳压二极管的额定电流也应足够大，以承受可能出现的大电流负载。这种保护电路可以有效地防止意外高电压对集成运放造成损害，但在实际应用中还应注意其他可能导致集成运放损坏的因素，如电源电压过高、输入信号过大等，并采取相应的保护措施。

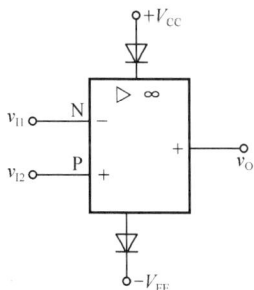

图 5-5-6　电源极性反接保护电路　　图 5-5-7　输入保护电路　　图 5-5-8　输出保护电路

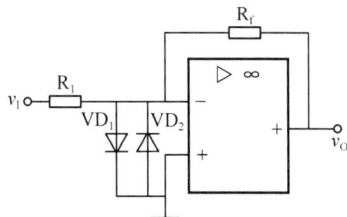

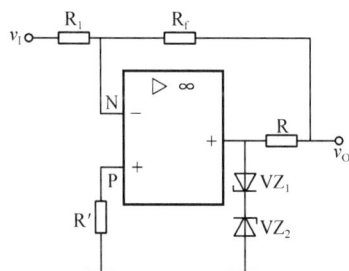

（五）技能评价

智能环保路灯控制电路的装配与调试技能训练评价详见"工作活页"。

任务六　μA741 构成的正弦波振荡电路

一、学习目标

1．掌握使用集成运放 μA741 构成的正弦波振荡电路的工作原理；

2．掌握使用集成运放 μA741 构成的正弦波振荡电路的装配（设计、成型、插装、焊接）与调试技能；

3．熟悉电子技术实训中常用电子测量仪器的综合使用技能。

二、工作任务

使用集成运放 μA741 构成的正弦波振荡电路的装配与调试技能训练。

三、实践操作

基础知识

（一）工作原理

本实训任务采用集成运算放大器（简称集成运放）型号为 μA741（或 F007）。集成运放 μA741 的实物和引脚排列如图 5-6-1 所示。μA741 是八脚双列直插式集成电路，其引脚功能分别为：②脚和③脚分别为反相和同相输入端；⑥脚为输出端；⑦脚和④脚分别为正、负电源端；①脚和⑤脚为失调调零端，①脚和⑤脚之间可接入一只几十千欧姆的电位器并将滑动触头接到负电源端；⑧脚为空脚。

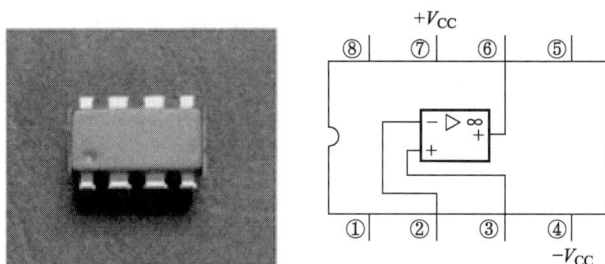

图 5-6-1　集成运放 μA741 实物和引脚排列

集成运放 μA741 构成的正弦波振荡电路如图 5-6-2 所示。集成运放 μA741 构成的是同相比例运算放大器。因为 RC 串并联网络的反馈系数是 $F=\dfrac{1}{3}$，所以为了满足振幅平衡条件，集成运放 μA741 构成的同相比例运算放大器的放大倍数 $A_{\mathrm{vf}}=3$。由于同相比例运算放大器的输入信号和输出信号的相位差为 0，RC 串并联网络电路构成正反馈支路，同时兼作选频网络，RC 串并联网络电路的移相也为 0，所以信号在电路中总的相位关系是同相，满足振荡电路的相位平衡条件。R_1、R_2、R_3、R_W 及晶体二极管 VD_1、VD_2 等元器件构成负反馈稳幅环节。调节电位器 R_W，可以改变负反馈深度，以满足振荡的振幅条件和改善波形，调节电位器 R_W 到适当值时电路即能起振。

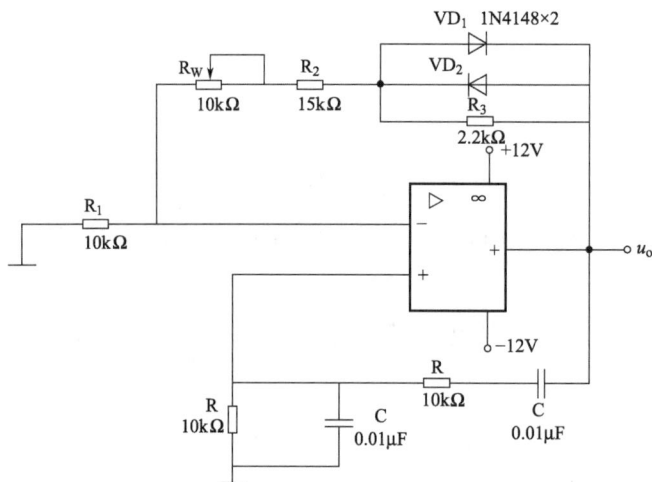

图 5-6-2　集成运放 μA741 构成的正弦波振荡电路

利用两个反向并联晶体二极管 VD_1、VD_2 正向电阻的非线性特性来实现稳幅。VD_1、VD_2 采用硅管（温度稳定性好），并且要求特性匹配，才能保证输出波形正、负半周对称。R_3 的接入是为了削弱晶体二极管非线性的影响，以改善波形失真。

电路的振荡频率

$$f_0 = \frac{1}{2\pi RC}$$

起振的幅值条件

$$A_{vf} = 1 + \frac{R_f}{R_1} \geqslant 3$$

式中，$R_f \approx R_W + R_2 + R_3$。

调整反馈电阻 R_W，使电路起振，且波形失真最小。如不能起振，则说明负反馈太强，应适当加大 R_f。如波形失真严重，则应适当减小 R_f。

改变选频网络的参数 C 或 R，即可调节振荡频率。一般采用改变电容 C 做频率量程切换，而调节 R 做量程内的频率细调。

（二）电路元器件明细表

实训电路元器件明细如表 5-6-1 所示。

表 5-6-1　实训电路元器件明细表

序号	代号	名称	型号与规格	数量
1	VD_1	晶体二极管	1N4148	1
2	VD_2	晶体二极管	1N4148	1
3	IC	集成运放	μA741（F007）	1
4	R_W	微调电位器	WSW1、10kΩ 0.5W	1
5	C	电容器	0.01μF	2
6	R	电阻器	RJ21、10kΩ 1/8W	2
7	R_1	电阻器	RJ21、10kΩ 1/8W	1
8	R_2	电阻器	RJ21、15kΩ 1/8W	1
9	R_3	电阻器	RJ21、2.2kΩ 1/8W	1

技能训练

（一）训练内容

集成运放 μA741 构成的正弦波振荡电路的装配与调试技能。

（二）训练器材

工具、仪器、材料如表 5-6-2 所示。

表 5-6-2　工具、仪器、材料

工具、仪器	材料
数字示波器一台	连接导线若干
数字式万用表一台	焊锡丝若干
数字交流毫伏表一台	元器件见表 5-6-1
电烙铁、镊子、尖嘴钳各一把	
直流稳压电源一台	

（三）训练步骤

首先，按图 5-6-2 所示电路在多孔印制电路板上正确插装、焊接各元器件及电路连接线。然后，检查各元器件装配、连线无误后，接通 ±12V 电源。最后，测试与调试集成运放 μA741 构成的正弦波振荡电路的各项性能指标。

1. 测量集成运放 μA741 构成的正弦波振荡电路的输出波形 u_o

接通 ±12V 电源。在波形不失真的条件下用数字示波器观察集成运放 μA741 构成的正弦波振荡电路的输出信号 u_o 的波形，确定电路能正确振荡出正弦波后，逐步调节 R_W 阻值，使输出信号 u_o 的幅度最大且不失真，记入表 5-6-3 中。之后再分别调 R_W 阻值为最大、最小，观察输出信号 u_o 的波形，记入表 5-6-3 中。

表 5-6-3　测量集成运放 μA741 构成的正弦波振荡电路的输出波形 u_o 记录表

调节 R_W	输出波形	观察记录数字示波器挡位参数、波形参数
R_W 阻值调适中		时间挡位： 幅度挡位： 峰-峰值：
R_W 阻值调最小		时间挡位： 幅度挡位： 峰-峰值：

调节 R_W	输出波形	观察记录数字示波器挡位参数、波形参数
R_W 阻值调最大	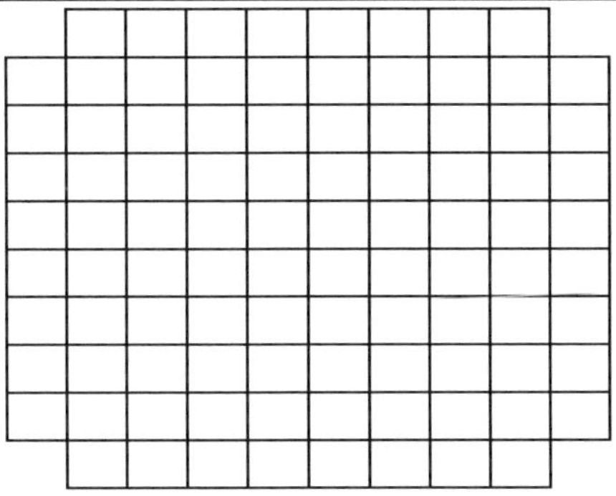	时间挡位： 幅度挡位： 峰-峰值

2. 测量振荡频率

调节 R_W 阻值，使输出信号 u_o 的幅度最大且不失真，通过对输出信号 u_o 的读数确定振荡频率，并与理论值进行比较，记入表 5-6-4 中。

表 5-6-4　测量振荡频率记录表

测量项目	测量值	理论值
f_0		

3. 分析晶体二极管 VD_1、VD_2 的稳幅作用

调节 R_W 阻值，使输出信号 u_o 的幅度最大且不失真，之后电路断电。断电后断开晶体二极管 VD_1（或 VD_2），通电后观察输出信号 u_o 的波形，记入表 5-6-5 中。

表 5-6-5　VD_1、VD_2 稳幅作用的影响

正常的输出波形	观察记录数字示波器各挡位、波形参数
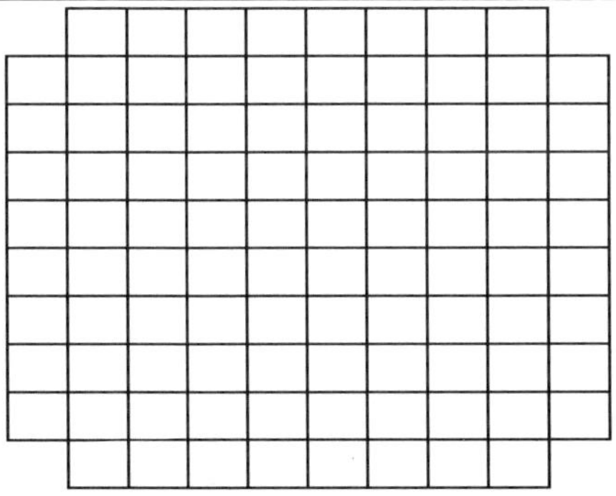	时间挡位： 幅度挡位： 峰-峰值：
断开晶体二极管 VD_1（或 VD_2）的输出波形	**观察记录数字示波器各挡位、波形参数**
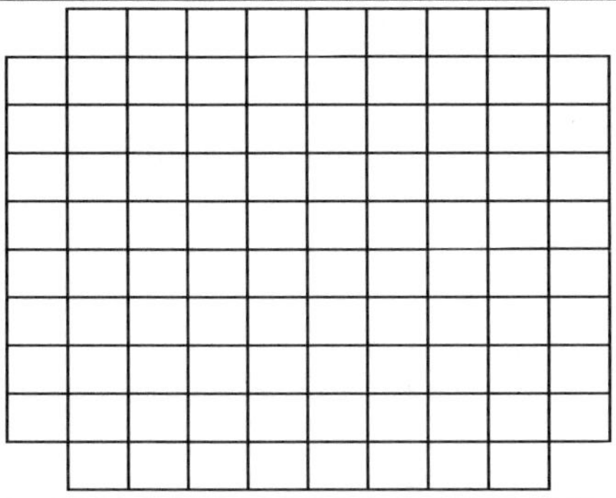	时间挡位： 幅度挡位： 峰-峰值：

4. 观察 RC 串并联网络参数的改变对电路性能的影响

调节 R_W 阻值，使输出信号 u_o 的幅度最大且不失真，之后电路断电。断电后改变 RC 串并联网络中 C_1、C_2 的值（如在 C_1、C_2 电容器都并联一只 $0.1\mu F$ 的电容器），重复训练步骤 2，记入表 5-6-6 中。

表 5-6-6　RC 串并联网络参数的改变对电路性能的影响记录表

测量项目	测量值	计算值
f_0		

（四）知识拓展

石英晶体谐振器的简介

振荡器的振荡频率主要由其选频网络的参数来决定。由于环境温度变化或电源电压波动等因素的影响，导致 L、C 或 R、C 参数的变化，因此，无论是 LC 振荡器还是 RC 振荡器，其振荡频率是不够稳定的。在要求振荡频率稳定度高的电子电路和设备中，需要一种高稳定的谐振器，而石英晶体谐振器即是通常情况下的首选元器件。

石英晶体谐振器（简称晶振），是一种常用的选择频率和稳定频率的电子元器件，广泛应用在电子仪器仪表、通信设备、广播和电视设备、影音播放设备、计算机及电子钟表中。晶振一般密封在金属、玻璃或塑料等外壳中，实物如图 5-6-3（a）所示。按频率稳定度不同，晶振可分为普通型和高精度型，其标称频率和体积大小也有多种规格。晶振的文字符号为 "B" 或 "BC"，图形符号如图 5-6-3（b）所示。

晶振的特点是具有压电效应，如图 5-6-4 所示。当有机械压力作用于晶振时，在晶振两面即会产生电压；反之，当有电压作用于晶振两面时，晶振即会产生机械变形。在晶振两面加上交流电压时，晶振将会随之产生周期性的机械振荡。当交流电压的频率与晶振的固有谐振频率相等时，晶振的机械振荡最强，电路中的电流最大，产生了谐振。此时的频率称为石英晶振的谐振频率。

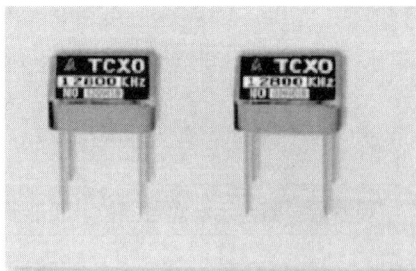

（a）　　　　　　　（b）

图 5-6-3　晶振实物及图形符号　　　　　图 5-6-4　压电效应

晶振的主要参数有标称频率 f_0、负载电容 C_L 和激励电平等，其中标称频率是指晶振的振荡频率，通常直接标注在晶振的外壳上，一般用带有小数点的几位数字来表示，单位为 MHz 或 kHz，标注有效数字位数较多的晶振，其标称频率的精度较高。负载电容是指晶振组成振荡电路时所需配接的外部电容。激励电平是指晶振正常工作时所消耗的有

效功率，常用的标称值有 0.1mW、0.5mW、1mW、2mW 等。

（五）技能评价

集成运放 μA741 构成的正弦波振荡电路的装配与调试技能训练评价详见"工作活页"。

任务七　三端集成稳压器

一、学习目标

1．掌握三端固定式集成稳压器的主要性能指标；

2．掌握三端固定式集成稳压器构成的电源电路的装配（设计、成型、插装、焊接）与调试技能；

3．熟悉电子技术实训中常用电子测量仪器的综合使用技能。

二、工作任务

三端固定式集成稳压器 W7812 构成的电源电路的装配与调试技能训练。

三、实践操作

基础知识

（一）工作原理

随着半导体工艺的发展，稳压电路也制成了集成器件。由于集成稳压器具有体积小、外接线路简单、使用方便、工作可靠和通用性好等优点，因此在各种电子设备中应用十分普遍，基本上取代了由分立元器件构成的稳压电路。集成稳压器的种类很多，对于大多数电子仪器、设备和电子电路来说，通常选用串联线性集成稳压器。而在这种类型的器件中，又以三端集成稳压器应用最为广泛，三端集成稳压器按输出电压是否可调整可分为固定式和可调式。

三端固定式集成稳压器分为正电压输出和负电压输出两类。W7800 系列三端固定式集成稳压器是正电压输出，其输出正电压值有 5V、6V、9V、12V、15V、18V、24V 七挡，输出电流最大可达 1.5A（加散热片）。同类型 78M 系列输出电流为 0.5A，78L 系列输出电流为 0.1A。若要求负极性输出电压，则可选用 W7900 系列三端固定式集成稳压器，其外形和 W7800 系列相同，但引脚的排列不同，和 W7800 系列三端固定式集成稳压器命名一样，输出电压值由型号中的后 2 位表示，如 W7912 表示输出稳定电压为-12V。

三端可调式集成稳压器可通过外接元器件对输出电压进行调整，以适应不同的需要。

1. W7800 和 W7900 系列三端固定式集成稳压器

W7800 和 W7900 系列三端固定式集成稳压器的生产厂商众多，需要注意的是，各厂商的封装形式不同，所以使用时注意区分各个引脚的作用。现以 L7805CA 和 LM7905CT 为例介绍其外形和基本接线，W7800 系列和 W7900 系列的各型号集成稳压器使用均与此类似。

（1）三端固定式集成稳压器 L7805CA 的外形和基本接线。

三端固定式集成稳压器 L7805CA 的实物、外形与基本接线如图 5-7-1 所示。它有三个引出端：输入端（电压输入端）、输出端（电压输出端）、公共端。

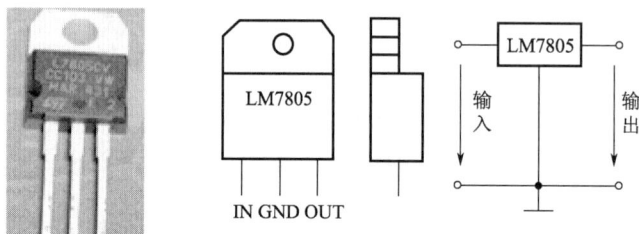

图 5-7-1　三端固定式集成稳压器 L7805CA 的实物、外形与基本接线

（2）三端固定式集成稳压器 LM7905CT 的外形和基本接线。

三端固定式集成稳压器 LM7905CT 的实物、外形与基本接线如图 5-7-2 所示。

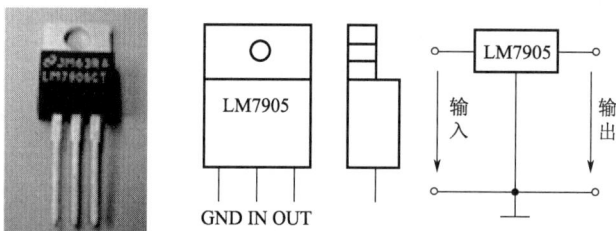

图 5-7-2　三端固定式集成稳压器 LM7905CT 的实物、外形与基本接线

2. W7800 和 W7900 系列三端固定式集成稳压器的扩展使用

当集成稳压器本身的输出电压或输出电流不能满足要求时，可通过外接电路来进行性能扩展。

图 5-7-3 所示为三端固定式集成稳压器正、负双电压输出电路，例如，需要 $U_{o1}=+15V$，$U_{o2}=-15V$，则可选用 W7815 和 W7915 三端固定式集成稳压器，这时的 U_i 应为单电压输出时的两倍。

图 5-7-4 所示为一种简单的三端固定式集成稳压器输出电压扩展电路。如 W7812 稳压器的 3、2 端间输出电压为 12V，因此只要适当选择 R 的值，使稳压管 VZ 工作在稳压区，则输出电压 $U_o=12+U_z$（U_z 为稳压二极管的稳定电压值），可以高于稳压器本身的输出电压。

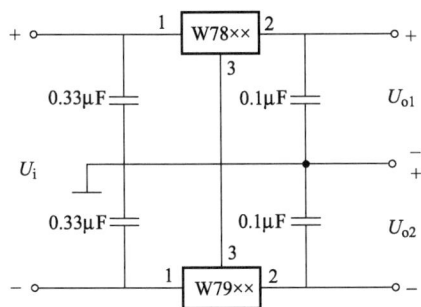

图 5-7-3 三端固定式集成稳压器正、
负双电压输出电路

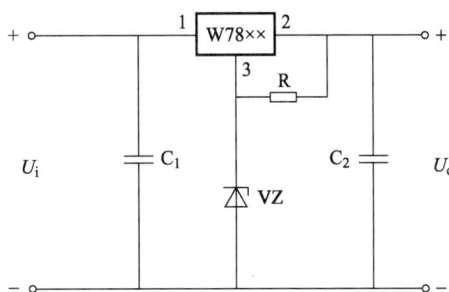

图 5-7-4 一种简单的三端固定式集成稳压器输出
电压扩展电路

图 5-7-5 所示为三端固定式集成稳压器输出电流扩展电路。电阻 R 的阻值由外接晶体三极管的发射结导通电压 U_{BE}、三端固定式集成稳压器的输入电流 I_i（近似等于三端固定式稳压器的输出电流 I_{o1}）和 VT 的基极电流 I_B 来决定，即

$$R = \frac{U_{BE}}{I_R} = \frac{U_{BE}}{I_i - I_B} = \frac{U_{BE}}{I_{o1} - \dfrac{I_C}{\beta}}$$

式中，I_C 为晶体三极管 VT 的集电极电流，$I_C = I_o - I_{o1}$；β 为 VT 的电流放大系数；对于锗管 U_{BE} 可按 0.3V 估算，对于硅管 U_{BE} 按 0.7V 估算。

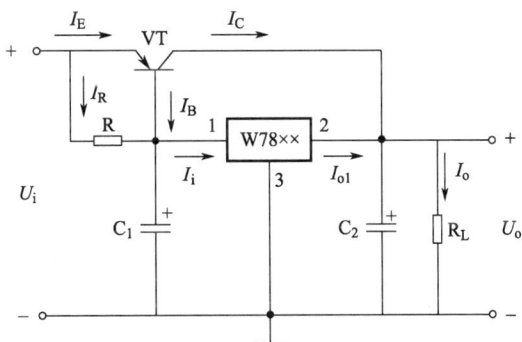

图 5-7-5 三端固定式集成稳压器输出电流扩展电路

3. 直流稳压电源的主要技术指标

直流稳压电源的主要技术指标一般分为特性指标、质量指标和极限指标：特性指标包括允许输入电压、输出电压、输出电流及输出电压调节范围等；质量指标用来衡量输出直流电压的稳定程度，包括稳压系数（或电压调整率）、输出电阻（或电流调整率）、纹波电压（纹波系数）及温度系数等；极限指标包括最大输出电流等。

1）最大输出电流 I_{omax}

I_{omax} 是指直流稳压电源正常工作时能输出的最大工作电流。一般情况下，输出电流 I_o 要小于最大输出电流 I_{omax}，这是为了防止 $I_o > I_{omax}$ 时损坏集成稳压器。

2）纹波电压（纹波系数）

纹波电压是指叠加在输出电压上的 50Hz 或 100Hz 的交流分量。通常用有效值或峰值表示，经过稳压作用，可以使整流滤波后的纹波电压大大降低。

3）稳压系数 S

由于输入电压变化而引起输出电压变化的程度，称为稳定度指标，常用稳压系数 S 来表示，S 的大小，反映一个直流稳压电源克服输入电压变化的能力，通常 S 一般为 $10^{-2} \sim 10^{-4}$。在负载电流 I_o、环境温度 T 不变的情况下，输入电压的相对变化（输入电压相对变化为 $\pm 10\%$ 时）引起输出电压的相对变化，即稳压系数

$$S = \frac{\dfrac{\Delta U_o}{U_o}}{\dfrac{\Delta U_i}{U_i}}$$

4）输出电阻 r_o

输出电阻（又称等效内阻）用 r_o 表示，是指当直流稳压电源电路的负载变化时（从空载到满载），输出电压变化量和负载电流变化量之比。

$$r_o = \frac{\Delta U_o}{\Delta I_o}$$

r_o 反映负载变动时，输出电压维持恒定的能力，r_o 越小，则 I_o 变化时输出电压的变化也越小。

4. W7812 构成的串联型稳压电源电路

三端集成稳压器 W7812 构成的电源电路实训电路如图 5-7-6 所示。其中，整流部分采用了由四个二极管组成的桥式整流器成品（又称桥堆），型号为 2W06（或 KBP306），桥堆内部接线和外部引脚如图 5-7-7 所示。滤波电路由滤波电容器 C_1、C_2、C_3、C_4 构成。C_1、C_2 的数值一般选取几百至几千微法，当集成稳压器距离整流滤波电路比较远时，在输入端必须接入电容器 C_3（数值为 $0.33\mu F$），以抵消线路的电感效应，防止产生自激振荡。输出端电容器 C_4（$0.1\mu F$）用于滤除输出端的高频信号，改善电路的暂态响应。

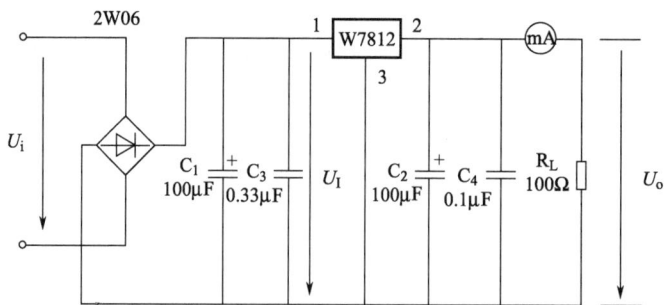

图 5-7-6 三端集成稳压器 W7812 构成的电源电路实训电路

电路中的集成稳压器是正电压输出的三端固定式稳压器 W7812。它的主要参数有输出直流电压 $U_o = +12V$，集成稳压器型号是 L 时输出电流为 0.1A（M 型号时为 0.5A），电压调整率为 10mV/V，输入电压 U_i 的范围为 15~17V，这是因为一般 U_i 要比 U_o 大 3~5V，才能保证集成稳压器工作在线性区。

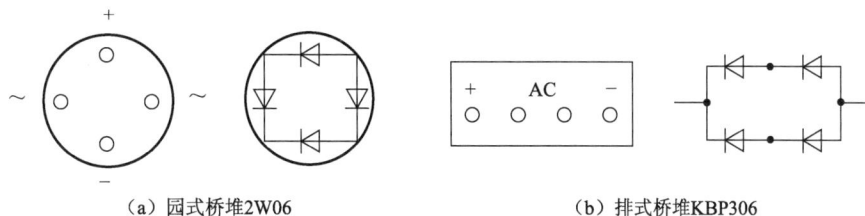

（a）园式桥堆2W06　　　　　　　（b）排式桥堆KBP306

图 5-7-7　桥堆内部接线和外部引脚

（二）电路元器件明细表

实训电路元器件明细如表 5-7-1 所示。

表 5-7-1　实训电路元器件明细表

序号	代号	名称	型号与规格	数量
1	IC	集成电路	W7812	1
2	UR	桥堆	2W06（或 KBP306）	1
3	C_1	电解电容器	CD11、100μF/16V	1
4	C_2	电解电容器	CD11、100μF/16V	1
5	C_3	电容器	0.33μF/16V	1
6	C_4	电容器	0.1μF/16V	1
7	R_L	电阻器	RJ21、100Ω 1/8W	1
8	R_W	微调电位器	WSW1、100Ω 0.5W	1

技能训练

（一）训练内容

三端集成稳压器 W7812 构成的电源电路的装配与调试技能。

（二）训练器材

工具、仪器、材料如表 5-7-2 所示。

表 5-7-2　工具、仪器、材料

工具、仪器	材料
数字示波器一台	连接导线若干
数字式万用表一台	焊锡丝若干
电烙铁、镊子、尖嘴钳各一把	元器件见表 5-7-1
工频可调电源一台	

（三）训练步骤

首先，按图 5-7-6 所示电路在多孔印制电路板上正确插装、焊接各元器件及电路连接线。然后，检查各元器件装配、连线无误后，接通电源。最后，测量与调试三端集成稳压器 W7812 构成的电源电路的基本参数。

1. 观察测量整流滤波前后波形差异

（1）按图 5-7-6 连接实训电路，断开电解电容器 C_1。输入工频交流电源，置 U_i=16V（有效值）。在整流桥堆 2W06 输出端接数字示波器，观察测量整流桥堆输出端波形并记入表 5-7-3 中。

（2）保持上述电路形式和数字示波器的测量挡位不变，断电之后，将电解电容器 C_1 接入电路，数字示波器改接在电容器 C_1 两端。通电后观察测量电容器 C_1 端输出信号波形并记入表 5-7-3 中。

表 5-7-3　观察测量整流滤波前后波形差异记录表

整流之后的输出波形	观察记录数字示波器各挡位、波形参数
	时间挡位： 幅度挡位： 峰-峰值：
整流和滤波之后的输出波形	观察记录数字示波器各挡位、波形参数
	时间挡位： 幅度挡位： 峰-峰值：

2. 测量电路的输出电压 U_o 和最大输出电流 I_{omax}

（1）测量输出电压 U_o。

按图 5-7-6 连接实训电路。置负载电阻 R_L=100Ω。输入工频交流电源，置 U_i=16V，负载电阻 R_L 两端接直流电压表测量电路输出电压（即三端固定式集成稳压器 W7812 输出电压）U_o，并记入表 5-7-4 中。

表 5-7-4　测量输出电压 U_o 记录表

测量项目	输出电压
输出端接 R_L	

注意：电路经上述测试后输出电压数值接近12V，表明三端固定式集成稳压器W7812工作状态良好，才能进行下列的测试。如果所测输出电压数值与理论值不符，则说明电路出了故障，设法查找故障并加以排除。

（2）测量最大输出电流 I_{omax}。

保持上述电路形式不变，断电之后，将负载电阻 R_L 改接为可调电位器 R_W，置 R_W=100Ω，电路输出端串接直流电流表，负载电阻 R_W 两端并接直流电压表。通电后逐渐减小 R_W 阻值，直到输出电压 U_o 的数值下降到11.4V左右（即下降了正常数值的5%），此时流经负载电阻的电流即为 I_{omax}，记入表5-7-5中。

表5-7-5　测量最大输出电流 I_{omax} 记录表

测量项目	最大输出电流
输出端接 R_W	

3. 测量稳压系数 S

按图5-7-6连接实训电路。置负载电阻 R_L=100Ω。输入工频交流电源，置 U_i=16V，负载电阻 R_L 两端接直流电压表测量电路输出电压 U_o，记入表5-7-6中。然后调节工频交流电源使输入电压 U_{i1}=17.6V（输入电压增加10%），测出此时稳压电源对应的输出电压 U_{o1}，记入表5-7-6中；再调节工频交流电源使输入电压 U_{i2}=14.4V（输入电压减小10%），测出稳压电源此时的输出电压 U_{o2}，记入表5-7-6中，利用公式计算稳压系数 S 并记入表5-7-6中。

表5-7-6　测量稳压系数 S 记录表

测量项目	输出电压	稳压系数 S
输入电压数值为16V		
输入电压数值为17.6V		
输入电压数值为14.4V		

（四）知识拓展

三端可调式正电压输出集成稳压器LM317的应用简介

集成线性稳压器是一种新型稳压器件，具有体积小，外围元器件少，稳压精度高，工作可靠等多方面的优点。78/79系列三端固定式集成稳压器可以通过改变其接地端的电压，来改变其输出电压，但器件本身的设计目的是用于固定输出电压场合，如果需要稳压输出在很大范围内可变，可以用317/337系列（LM317、LM337）输出电压可调式集成稳压器。

LM317是一种悬浮式串联调整稳压器。集成电路外接两只电阻，改变其中一只电阻值，就可得所需的输出电压，此外它的线性调整率和负载调整率也比标准的固定式稳压器好，不仅如此，LM317/LM337还有内置的过载保护、安全区保护等多种保护电路，因此使用方便安全。三端可调式正电压输出集成稳压器LM317实物、外形与基本接线如

图 5-7-8 所示，基本接线中 R_2 为可调电位器，R_1，R_2 应选择高精度、高稳定的电阻器，以保证输出电压的精度和稳定性。三端可调式正电压输出集成稳压器 LM317 的输出电压

$$U_{\circ} \approx 1.25\left(1+\frac{R_2}{R_1}\right)$$

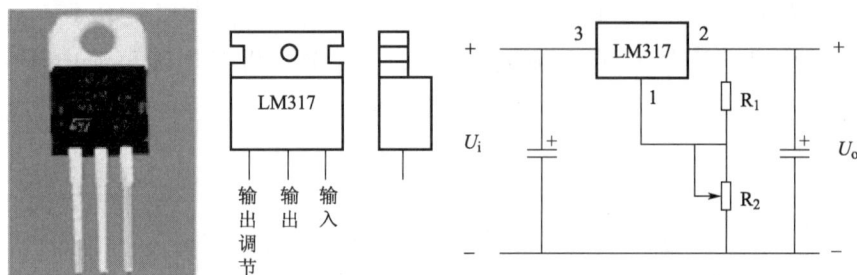

图 5-7-8　三端可调式正电压输出集成稳压器 LM317 实物、外形与基本接线

317 系列的最大输入电压是 $U_{imax}=40V$，输出电压范围为 $U_{\circ}=1.2\sim37V$。输入电压比输出电压大 3V 时，317 系列才能稳压工作。

337 系列是三端可调式负电压输出集成稳压器。其使用方法和特性与 317 系列相似。337 系列输出负电压绝对值为 1.25～37V，最大输出电流可达 1.5A。

（五）技能评价

三端固定式集成稳压器 W7812 构成的电源电路装配与调试技能训练评价详见"工作活页"。

📺 时代剪影

存储芯片赛道的中国突破——长鑫存储自主研发 LPDDR5 芯片

2023 年 11 月 28 日，合肥长鑫存储宣布推出 LPDDR5 系列 DRAM 产品，其中，12GB LPDDR5 芯片已经成功完成了在国产手机品牌的上机验证。

尽管目前中国已初步完成在存储芯片领域的战略布局，但由于起步较晚，且不时受到技术封锁，因此，目前 DRAM 高端存储产品由三星、SK 海力士和美光三家厂商主导，市占率合计超过 95%，市场高度集中，中国厂商对 DRAM 芯片议价能力很低。现在长鑫存储推出的最新 LPDDR5 DRAM 存储芯片，意味着中国在 DRAM 高端存储产品上实现了技术突破。

LPDDR5 是第五代超低功耗双倍速率动态随机存储器。长鑫存储正式推出的 LPDDR5 系列产品，包括 12GB 的 LPDDR5 颗粒，POP 封装的 12GB LPDDR5 芯片及 DSC 封装的 6GB LPDDR5 芯片。与上一代 LPDDR4X 相比，长鑫存储 LPDDR5 单一颗粒的容量和速率均提升 50%，分别达到 12GB 和 6400Mbit/s，同时功耗降低 30%。长鑫存储 LPDDR5 芯片加入了 RAS 功能，通过内置纠错码（On-die ECC）等技术，实现实时纠错，减少系统故障，确保数据安全，增强稳定性。

　　长鑫存储 LPDDR5 产品，将极大提升主流存储芯片自主创新的信心，利好整条国内存储产业链，包括上游的设备、材料到下游的模组及终端客户等，对整个中国半导体产业有重要作用。

电子装联

职业技能等级标准

（2021 年 2.0 版）

快克智能装备股份有限公司　制定

2021 年 12 月　发布

前 言

本标准按照 GB/T 1.1—2020《标准化工作导则 第 1 部分：标准化文件的结构和起草规则》的规定起草。

本标准起草单位：快克智能装备股份有限公司、江苏电子信息职业学院、南京信息职业技术学院、常州信息职业技术学院、中兴通讯电子制造职业学院、南京熊猫电子制造有限公司、立讯电子科技（昆山）有限公司、中国电子制造产业联盟等。

本标准主要起草人：戚国强、李朝林、刘志宏、徐建丽、陈霞、孙冬、陈亮、胡蓉、朱桂兵、陈小娟、陈国平、王豫明、邱华盛、于宝明、窦小明、陈必群、丁卫忠、常绿、刘继芬、赵国忠、魏子陵。

声明：本标准的知识产权归属于快克智能装备股份有限公司，未经快克智能装备股份有限公司同意，不得印刷、销售。

1 范围

本标准规定了电子装联职业技能等级对应的工作领域、工作任务及职业技能要求。

本标准适用于电子装联职业技能培训、考核与评价，相关用人单位的人员聘用、培训与考核可参照使用。

2 规范性引用文件

下列文件对于本标准的应用是必不可少的。凡是注日期的引用文件，仅注日期的版本适用于本标准。凡是不注日期的引用文件，其最新版本适用于本标准。

IPC-A-610G 电子组件的可接受性

IPC-MC-790 多芯片组件技术应用导则

ANSI/ESD-S20.20-2014 国际 ESD 标准

SJ/T 10668-2002 表面组装技术术语

IPC-T-50H 电子电路互连与封装

Q/320412 QUK 014-2020 QUICK 系列自动锡焊机器人通用技术条件

3 术语和定义

SJ/T 10668-2002、IPC-T-50H 界定的以及下列术语和定义适用于本标准。

3.1 自动光学检验 Automated Optical Inspection（AOI）

利用光学成像和图像分析技术，自动检查目标物。

[SJ/T 10668-2002，定义 6.1]

3.2 锡膏检测设备 Solder Paste Inspection（SPI）

利用光学的原理，检测和分析锡膏印刷的质量。

3.3 工艺过程统计控制 Statistical Process Control（SPC）

采用统计技术来记录、分析某一制造过程的操作，并用分析结果来指导和控制在线制成及其生产的产品，以确保制造的质量和防止出现误差的一种方法。

[SJ/T 10668-2002，定义 2.9]

3.4 球栅阵列 Ball Grid Array（BGA）

集成电路的一种封装形式，其输入输出端子是在元件的底面上按栅格方式排列的球状焊端。

[SJ/T 10668-2002，定义 3.25]

3.5 印制电路板 Printed Circuit Board（PCB）

在公共基材上按照预定布局提供点到点连接及印刷元器件的印制电路板。

[IPC-T-50H，定义 60.1487]

3.6 挠性印制电路板 Flexible Printed Board

只采用挠性基材的印制电路板。其部分区域可能有非电气功能增强板和/或覆盖层。

[IPC-T-50H，定义 62.1579]

3.7 电子装联 Electronics Assembly

电子装联是按照电子装备总体设计的技术要求，通过一定的连接技术和连接用辅料等手段，将构成电子装备的各种光、电元器件、部件和组件等，通过电气互联，构成一个满足预期设计技术要求的设备体系的所有工序的集合。

4 适用院校专业

4.1 参照原版专业目录

中等职业学校：电子与信息技术、电子技术应用、电子电器应用与维修、微电子技术与器件制造、光电仪器制造与维修、电子材料与元器件制造、机电设备安装与维修、汽车电子技术应用等。

高等职业学校：电子信息工程技术、应用电子技术、电子制造技术与设备、电子产品质量检测、电子工艺与管理、电子电路设计与工艺、微电子技术、电子测量技术与仪器、汽车电子技术、船舶电子电气技术、飞机电子设备维修、航空电子电气技术、电气自动化技术、光电制造与应用技术等。

高等职业教育本科学校：机械电子工程、电气工程及其自动化、物联网工程、电子信息工程等。

应用型本科学校：电子信息工程、电子科学与技术、电子信息科学与技术、电子封装技术、电子与计算机工程、微电子科学与工程、应用电子技术教育、船舶电子电气工程、机械电子工程、电气工程及其自动化、光电信息科学与工程等。

4.2 参照新版职业教育专业目录

中等职业学校：电子信息技术、电子技术应用、电子电器应用与维修、微电子技术与器件制造、光电仪器制造与维修、电子材料与元器件制造、汽车电子技术应用等。

高等职业学校：电子信息工程技术、应用电子技术、电子产品制造技术、电子产品检测技术、微电子技术、汽车电子技术、船舶电子电气技术、飞机电子设备维修、飞机机载设备装配调试技术、电气自动化技术、智能光电制造技术等。

高等职业教育本科学校：机械电子工程技术、电气工程及自动化、物联网工程技术、光电信息工程技术、电子信息工程技术、柔性电子技术等。

应用型本科学校：电子信息工程、电子科学与技术、电子信息科学与技术、电子封装技术、电子与计算机工程、微电子科学与工程、应用电子技术教育、船舶电子电气工程、机械电子工程、电气工程及其自动化、光电信息科学与工程等。

5 面向职业岗位（群）

【电子装联】（初级）：主要面向装配技术员、调试技术员、测试技术员、维修技术员、质检技术员、班组长等职业岗位，主要完成材料的准备、治具及检测仪表的选用；调用设备生产程序实操机器等工作，从事多层基板的组件及微电子装联、多层印制电路板级的部件电子装联等工作。

【电子装联】（中级）：主要面向测试助理工程师、工艺助理工程师、品质助理工程师、技术服务助理工程师、售后服务助理工程师等职业岗位，主要完成多层基板的组件级微电子装联、多层印制电路板级的部件电子装联工艺分析；调试机台生产参数与程序等工作，从事监控生产线主辅材料；监控、分析处理异常装联品质；协助分析生产效率改善方案制定等工作。

【电子装联】（高级）：主要面向测试工程师、工艺工程师、技术服务工程师、设备维保工程师、资深品质工程师、制造管理工程师等职业岗位，主要完成多层基板的组件级微电子装联、多层印制电路板级的电子部件装联工艺方案开发设计；主导技术人员的培训等工作，从事生产设备程序的编制及优化；装联品质改善方案的制定等工作。

6 职业技能要求

6.1 职业技能等级划分

电子装联职业技能等级分为三个等级：初级、中级、高级，三个级别依次递进，高级别涵盖低级别职业技能要求。

【电子装联】（初级）：在印制电路板级电子装联工艺作业指导书指引下，完成主辅材料的准备、治具及检测仪表设备的选用，调用设备生产程序实操机器，检查装联品质。

【电子装联】（中级）：开展印制电路板级电子装联工艺分析，调试机台生产参数与程序，管控生产线主辅材料，监控、分析处理异常装联品质，协助分析生产效率改善方案制定。

【电子装联】（高级）：开展印制电路板级电子装联工艺设计、验证和优化，主导解决重难点工艺与新工艺导入，设置优化工艺参数与生产设备程序，有效处理生产现场技术与品质改善难题，指导生产作业，组织相应的技术培训。

6.2 职业技能等级要求描述

不同等级的电子装联职业技能等级要求见表1、表2、表3。

表1 电子装联职业技能等级要求（初级）

工作领域	工作任务	职业技能要求
1.装联准备	1.1 环境稽核	1.1.1 能点检现场作业环境5S。 1.1.2 能点检现场电源、气源、温湿度等参数，合规设备正常运行和组装质量要求。 1.1.3 能快速识别静电防护区域的防护标识。 1.1.4 能点检防静电工作区的规范要求，合规电子装联安全作业要求
	1.2 静电防护	1.2.1 能根据静电防护要求，正确穿戴防静电手环、衣帽、鞋等。 1.2.2 能根据静电防护要求，测量静电环和防静电鞋是否合格。 1.2.3 能根据静电防护要求，测量实训工作台静电接地是否合格。 1.2.4 根据静电防护要求，能够正确使用静电防护相关的测试仪器

工作领域	工作任务	职业技能要求
1.装联准备	1.3 制程导入	1.3.1 能掌握工艺作业指导书的具体要求。 1.3.2 能根据物料清单核对并准备物料。 1.3.3 能根据作业要求准备相应的工具和治具。 1.3.4 能根据作业要求正确开启相应设备
2.基板装联	2.1 手工焊接	2.1.1 能根据作业指导书，正确插装对应的元器件，掌握焊台焊接五步法进行焊接。 2.1.2 能根据焊点的大小正确选择合适的锡丝和焊嘴。 2.1.3 能正确设定、测量、校准控温电焊台的温度。 2.1.4 能正确维护保养焊嘴并能对氧化焊嘴进行修复
	2.2 机器人焊接	2.2.1 能分析装联任务及焊接元器件特征，辨别焊接器件，组装并通过治具固定焊接元器件。 2.2.2 能正确安装锡丝和焊嘴，正确开启设备控制器。 2.2.3 能正确设定相应温度并使用温度校准仪点检温度、校正温度。 2.2.4 能根据产品特性分析，编制合适的焊接程序，操作焊接机，完成自动焊接作业
	2.3 基板点胶	2.3.1 能点检设备并进行参数的设定。 2.3.2 能装载合适的胶水并更换适用的针头。 2.3.3 能正确使用点胶控制器并能设定合适气压。 2.3.4 能正确调用点胶程序并调整点胶位置，完成点胶作业
	2.4 基板锁付	2.4.1 能正确安装批头、吸嘴、供料器等部件，确保设备正常工作。 2.4.2 能正确调试螺钉供料机，保证螺钉出料稳定。 2.4.3 能正确使用扭力测试仪进行校准扭力。 2.4.4 能正确编辑锁付程序，设置示教文件参数，完成锁付作业
3.基板检修	3.1 目视检查	3.1.1 能检视出元器件极性反。 3.1.2 能检视出元器件错件、漏件及外观破损等缺陷。 3.1.3 能使用放大镜等工具检视出器件偏移、焊点短路、开路、偏移、虚焊等缺陷。 3.1.4 能正确填写不良记录单并在 NG 处贴上标识
	3.2 设备检测	3.2.1 能按照正确方法和顺序打开 AOI 设备及 AOI 软件。 3.2.2 能根据作业指导书调用对应的程序。 3.2.3 能记录 AOI 测试显示的各类不良状况和数据。 3.2.4 能根据 AOI 测试结果人工复判并在 NG 处贴上标识

工作领域	工作任务	职业技能要求
3.基板检修	3.3 拆焊台返修	3.3.1 能正确识别各种类型的元器件。
		3.3.2 能根据器件类型正确选用对应的拆焊风嘴。
		3.3.3 能正确设定拆焊台的温度并进行校准。
		3.3.4 能正确使用拆焊台对元器件进行拆焊作业
	3.4 BGA 返修	3.4.1 能对 BGA 返修台进行温度、时间等参数的设定和调试。
		3.4.2 能正确使用返修工具对 BGA 及 PCB 焊盘进行清理。
		3.4.3 能正确操作 BGA 返修台完成芯片的返修作业。
		3.4.4 能对拆焊温度曲线进行分析并优化工艺参数

表 2　电子装联职业技能等级要求（中级）

工作领域	工作任务	职业技能要求
1.装联准备	1.1 环境稽核	1.1.1 能依据现场作业环境 5S 点检结果，提出改善报告。
		1.1.2 能依据对车间环境参数点检结果，提出装联安全作业改善报告。
		1.1.3 能依据对车间静电防护点检结果，提出静电防护作业改善报告。
		1.1.4 能针对现场识别的点检结果，提出改善方案
	1.2 静电防护	1.2.1 能根据静电防护要求，正确穿戴防静电手环、衣帽、鞋等。
		1.2.2 能根据静电防护要求，测量静电环和防静电鞋是否合格。
		1.2.3 能根据静电防护要求，测量实训工作台静电接地是否合格。
		1.2.4 根据静电防护要求，能够正确使用静电防护相关的测试仪器
	1.3 物料标码	1.3.1 能识读物料清单中的物料用量情况。
		1.3.2 能识读不同物料规格和参数。
		1.3.3 能制作物料标签，并在指定位置贴码标识。
		1.3.4 能发现物料的标码错误并修正
2.基板贴装	2.1 印刷涂敷	2.1.1 能正确回温锡膏。
		2.1.2 能正确安装刮刀、钢网、擦拭纸并加注锡膏。
		2.1.3 能正确输入 PCB 尺寸及 Mark 点坐标等参数，完成编程。
		2.1.4 能调用印刷作业程序，完成印刷并目视检查印刷质量

工作领域	工作任务	职业技能要求
2.基板贴装	2.2 贴装编程	2.2.1 能根据物料清单，建立贴片机元件库。 2.2.2 能根据 PCB 尺寸及 Mark 点坐标等参数，编制贴装程序。 2.2.3 能根据 PCB 上元件分布，优化贴装程序。 2.2.4 能根据贴装位置信息，导出料站表
	2.3 贴片操作	2.3.1 能根据料站表及物料编号，安装物料到供料器。 2.3.2 能将各类型供料器安装到贴片机料站内。 2.3.3 能对贴片机吸料，完成调试校准作业。 2.3.4 能采集贴装缺件、偏移、抛料等缺陷信息，改善贴装品质
3.基板焊接	3.1 再流焊接	3.1.1 能根据 PCB 尺寸及元器件分布，使用热电偶制作炉温测试板。 3.1.2 能使用炉温测试仪和炉温测试板，测试温度曲线。 3.1.3 能够解读温度曲线；根据锡膏和元件特性，得出合理的温度曲线。 3.1.4 能根据温度曲线，优化设置炉温参数，完成再流焊作业
	3.2 选择性波峰焊接	3.2.1 能根据元器件引脚和焊盘尺寸以及相邻器件布局等参数，选用合适的波峰喷嘴。 3.2.2 能正确设置及校准预热及焊接区温度。 3.2.3 能熟练运用离线式选择性波峰焊操作软件完成程序编辑和焊接作业。 3.2.4 能够熟练根据 PCB 布局及元件特性，优化关键工艺参数
	3.3 机器人焊接	3.3.1 能正确安装锡丝和焊嘴，正确开启设备控制器。 3.3.2 能正确设定相应温度并使用温度测试仪点检温度、校准温度。 3.3.3 能根据产品特性分析，编制合适的焊接程序，操作焊接机，完成自动焊接作业。 3.3.4 能根据焊接结果，优化焊接参数，提升焊接良率
	3.4 基板检测	3.4.1 能操作 AOI 设备并熟悉 AOI 机台原理。 3.4.2 能根据 AOI 作业指导书编辑检测程序，完成检测作业。 3.4.3 能根据 AOI 检测结果，人工复判确认。 3.4.4 能根据 AOI 检测记录，优化工艺参数

续表

工作领域	工作任务	职业技能要求
4.基板装联	4.1 基板返修	4.1.1 能根据元器件类型，选用不同的返修工具及设备。
		4.1.2 能正确使用返修工具及设备拆焊通用型器件。
		4.1.3 能正确使用对应治具完成 BGA 芯片植球作业。
		4.1.4 能正确使用 BGA 返修台，完成芯片返修作业
	4.2 基板点胶	4.2.1 能根据胶水的特性及点胶量大小选择合适的针头。
		4.2.2 能正确使用点胶控制器并能设定合适气压。
		4.2.3 能编制合适的点胶作业程序。
		4.2.4 能设置、修改点胶工艺参数，完成点胶作业
	4.3 基板锁付	4.3.1 能根据锁付产品的不同，选择合适的批头、吸嘴和供料器。
		4.3.2 能正确安装批头、吸嘴、供料器等部件，确保设备正常工作。
		4.3.3 能根据工艺要求，设置电批扭力、速度等参数完成编程和锁付作业。
		4.3.4 能对锁付数据进行分析，并优化工艺参数

表 3 电子装联职业技能等级要求（高级）

工作领域	工作任务	职业技能要求
1.装联准备	1.1 环境稽核	1.1.1 能依据现场作业环境 5S 点检结果，提出改善报告。
		1.1.2 能依据对车间环境参数点检结果，提出装联安全作业改善报告。
		1.1.3 能依据对车间静电防护点检结果，提出静电防护作业改善报告。
		1.1.4 能针对现场识别的点检结果，提出改善方案
	1.2 静电防护	1.2.1 能根据静电防护要求，正确穿戴防静电手环、衣帽、鞋等。
		1.2.2 能根据静电防护要求，测量静电环和防静电鞋是否合格。
		1.2.3 能根据静电防护要求，测量实训工作台静电接地是否合格。
		1.2.4 根据静电防护要求，能够正确使用静电防护相关的测试仪器
	1.3 物料标码	1.3.1 能识读物料清单的物件用量情况。
		1.3.2 能识读不同物料规格和参数。
		1.3.3 能制作物料标签，并在指定位置贴码标识。
		1.3.4 能发现物料的标码错误并修正

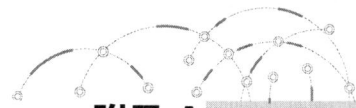

工作领域	工作任务	职业技能要求
1.装联准备	1.4 基板打码	1.4.1 能根据追溯要求，设定打码内容。 1.4.2 能根据 PCB 尺寸及 Mark 点，编辑打码程序。 1.4.3 能根据不同产品类型，优化设备参数。 1.4.4 能够根据工艺文件优化打码程序
2.基板贴装	2.1 印刷涂敷	2.1.1 能根据产品特性，选用合适的锡膏。 2.1.2 能调试印刷工艺参数并调用程序完成印刷作业。 2.1.3 能够通过工艺参数的调整，改善印刷品质。 2.1.4 能编制印刷涂敷工艺作业指导书并组织培训
	2.2 印刷检查	2.2.1 能操作 SPI 设备并熟悉 SPI 机台原理。 2.2.2 能编辑 SPI 作业程序。 2.2.3 能统计分析 SPI 检出不良数据并改善印刷品质。 2.2.4 能编制 SPI 作业指导书并组织培训
	2.3 元器件贴装	2.3.1 能编辑贴片程序并完成贴装作业。 2.3.2 能收集贴装缺陷并分析缺陷原因，制定优化方案。 2.3.3 能根据设备保养说明书进行设备日常保养。 2.3.4 能编制贴装作业指导书，制定贴装工艺方案
3.基板焊接	3.1 再流焊接	3.1.1 能针对特殊元器件，编辑再流焊生产程序。 3.1.2 能根据工艺要求，验证并优化炉温工艺参数，完成再流焊作业。 3.1.3 能够根据焊接不良调整工艺参数。 3.1.4 能编制再流焊作业指导书并组织培训
	3.2 选择性波峰焊接	3.2.1 能熟练运用在线式选择性波峰焊操作软件的视觉编程系统完成程序编辑和焊接作业。 3.2.2 能根据不同类型的焊点，优化设置在线式选择性波峰焊的焊接参数。 3.2.3 能根据设备保养操作说明书，完成在线式设备日常保养和维护。 3.2.4 能够熟练操作在线式设备，完成点焊和拖焊工艺的应用
	3.3 热压焊接	3.3.1 能正确安装热压焊嘴并校准温度。 3.3.2 能根据产品调整热压焊嘴水平度并校准机头压力。 3.3.3 能根据焊接 FPC 等工件，设定焊接位置、焊接温度曲线、焊接压力等参数，完成焊接作业。 3.3.4 能根据焊接结果，优化热压焊接参数

续表

工作领域	工作任务	职业技能要求
3.基板焊接	3.4 机器人焊接	3.4.1 能正确安装锡丝和焊嘴，正确开启设备控制器，设定相应温度并使用温度校准仪点检温度、校正温度。 3.4.2 能综合分析装联任务及焊接元器件特征，编制合适的焊接程序，操作焊接机，完成自动焊接作业。 3.4.3 能根据焊接结果，分析焊点缺陷原因，优化焊接参数，提升焊接良率。 3.4.4 制定重点难点管控工艺，编制机器人焊接作业指导书，组织相关机器人焊接操作培训
	3.5 基板检测	3.5.1 能正确使用维修站软件，人工确认误判情况。 3.5.2 能根据作业指导书进行程序编辑并能优化工艺参数。 3.5.3 能使用 AOI SPC 软件，统计分析不良缺陷数据，找出 TOP1 缺陷产生的原因。 3.5.4 能根据找出的原因，优化工艺制程方案，降低对应不良类型的缺陷率
4.基板装联	4.1 基板返修	4.1.1 能根据 PCB 类型,选用不同的返修工具及设备组合。 4.1.2 能正确使用返修工具及设备组合，针对不同类型的器件返修作业。 4.2.3 能正确使用返修工具对 BGA 焊盘进行清理并完成 BGA 植球工作。 4.1.4 能根据芯片焊接不良的现象优化设备参数，正确使用 BGA 返修台，完成芯片返修作业
	4.2 基板点胶	4.2.1 能根据点胶产品的要求选择合适的针头。 4.2.2 能正确使用点胶控制器并能设定合适气压。 4.2.3 能掌握视觉定位软件的操作并完成点胶程序编辑。 4.2.4 能使用软件设置、修改点胶工艺参数，完成点胶作业
	4.3 基板锁付	4.3.1 能够根据产品选择合适自动螺钉机机型及软件。 4.3.2 能根据锁付产品的不同，选择合适的批头、吸嘴和供料器。 4.3.3 能使用视觉定位软件进行编程，完成锁付作业。 4.3.4 能对锁付不良的产品进行质量分析，找出根本原因并能优化工艺参数

职业教育电子信息类专业产教融合新形态教材

电子技术
实训项目教程
工作活页

主 编 ◎ 杨 伟　王敏辉　王志庆

副主编 ◎ 戚国强　候付伟

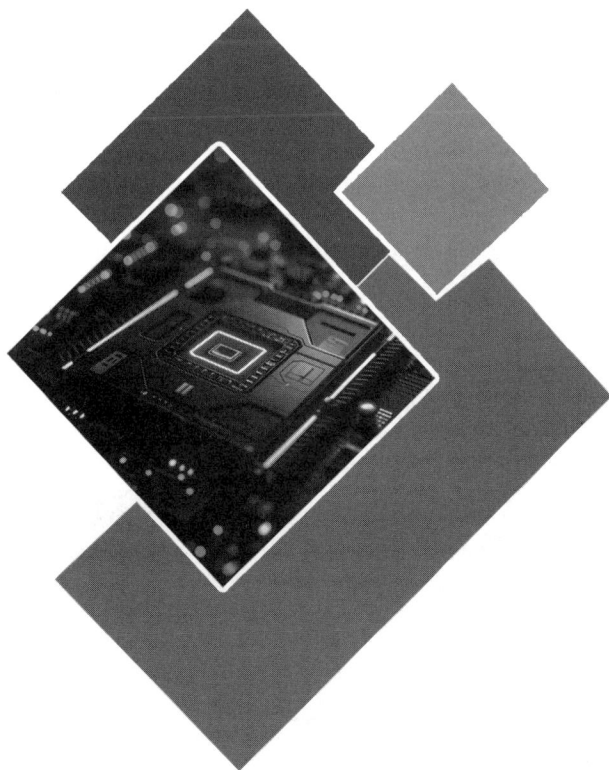

中国工信出版集团　电子工业出版社·

PUBLISHING HOUSE OF ELECTRONICS INDUSTRY

电子实训操作安全

任务二 电子产品静电防护

班级：_____ 姓名：_____ 学号：_____ 同组者：_____
工作时间：第_____周 星期_____第_____节（____年____月____日）

【任务单】

1. 防静电用品穿戴训练。
2. 静电防护环境管理检查训练。
3. 静电测量方法训练。
4. 静电消除方法训练。

【工作准备】

1. 根据任务单下达的工作任务，备齐仪表。
2. 训练器材：

工具、仪器、材料见表 1-2-1。

表 1-2-1 工具、仪器、材料

工具、仪器	材料
静电防护用品	防静电帽、防静电服、防静电鞋、防静电手腕带等
静电检测设备	
静电消除设备	

【任务实施】

1. 防静电用品穿戴训练（填写表 1-2-2）

表 1-2-2 静电防护用品穿戴记录表

穿戴步骤	内容	穿戴要求	完成度评价
1	穿防静电服	衣服纽扣全部扣好	
2	戴防静电帽	头发要全部挽进帽子内	
3	换防静电鞋或防静电鞋套	防静电鞋套要求导电条要与脚部皮肤接触紧密	
4	戴防静电手腕带	防静电手腕带须与手腕紧密贴合。人员工作过程中防静电手腕带接地，将人体所带静电通过防静电手腕带缓慢释放到大地	

2. 静电防护环境管理检查训练（填写表 1-2-3）

表 1-2-3 静电防护环境管理检查记录表

检查步骤	内容	检查标准	完成度评价
1	人员	防静电服、鞋、帽，防静电手腕带的穿戴，工作过程中防静电手腕带接地	
2	设备	日常点检，维护保养。仪器要求使用时接地；货架铺设防静电地垫且防静电地垫接地	
3	物料	用防静电袋、盒、箱，放置于防静电的货架上，流转过程中用防静电运输推车	
4	方法	创建 ESD 安全环境，保护敏感器件	
5	环境	各工作场景张贴防静电 ESD 标识、6S 管理标语，进行车间温湿度管控	

3. 静电测量方法训练

（1）人体综合测试仪用法（填写表 1-2-4）。

表 1-2-4 人体综合测试仪测量防静电装备穿戴检查记录表

实训序号	人体综合测试仪测试记录	是否符合进入实训室标准
1		
2		

（2）静电测量仪用法（填写表 1-2-5）。

表 1-2-5　静电测量仪测量物体静电量记录表

实训序号	测量静电量/V	是否在安全静电量范围内
1		
2		
3		
4		

（3）表面阻抗测试仪测量实训工作台面的表面阻抗（填写表 1-2-6）。

表 1-2-6　表面阻抗测试仪测量实训工作台面的表面阻抗记录表

实训序号	实训工作台面表面阻抗/Ω	是否满足静电防护要求
1		
2		
3		
4		

（4）手腕带测试仪检测防静电手腕带接地性能（填写表 1-2-7）。

表 1-2-7　手腕带测试仪检测防静电手腕带接地性能记录表

实训序号	手腕带测试仪测量状态	是否满足静电防护要求
1		
2		

4．静电消除方法训练（填写表 1-2-8）

表 1-2-8　静电消除器消除物体所带静电记录表

实训序号	原来物体所带静电量/V	静电消除器使用后所带静电量/V
1		
2		
3		
4		

【任务评价】

静电防护技能训练评价表，如表 1-2-9 所示。

表1-2-9　静电防护技能训练评价表

班级		姓名		学号		得分	
考核时间		实际时间			自　时　分起至　时　分		
项目	考核内容		配分	评分标准			扣分
防静电用品穿戴训练	防静电帽、防静电服、防静电鞋、防静电手腕带等防护用品的穿戴		10	防护用品的穿戴完成不标准，每项扣2.5分			
静电防护环境管理检查训练	进行人员、设备、物料、方法、环境五方面的核查		10	对照ESD静电管控检查标准，不规范，每项扣2分			
静电测量方法训练	1．人体综合测试仪用法 2．静电测量仪用法 3．表面阻抗测试仪测量实训工作台面的表面阻抗 4．手腕带测试仪检测防静电手腕带接地性能		40	各项静电测量技能不能熟练掌握，每项扣10分			
静电消除方法训练	静电消除器消除印制电路板所带静电并判断静电消除效果		20	静电消除器使用不正确，扣20分			
安全文明生产	1．工作台上工具摆放整齐 2．静电防护设备和工具使用安全 3．严格遵守操作规程		20	1．工作台面不整洁，扣10分 2．违反操作规程，酌情扣4~10分			
合计			100				

【思考与练习】

一、填空题

1．图中静电防护措施有：1. _____，2. _____，3. _____，4. _____，5. _____，6. _____，7. _____。

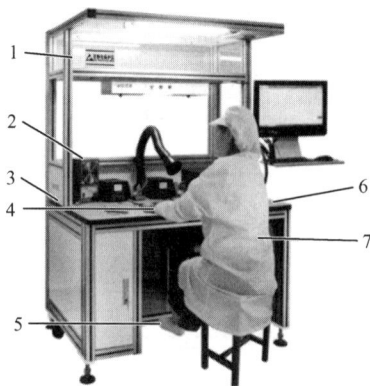

图

2．静电产生的方式有：_____带电、_____带电、喷射带电及_____带电。

3．使用静电测量仪测量物体表面静电时，为了使测量数值准确，应该使测量物体_____（大或小）于传感器的测量范围。

二、简答题

1．简述防静电鞋的功能及质量要求。

2．简述防静电的目的及人体防静电措施的内容。

常用电子元器件识别和检测

任务一　数字式万用表的使用

班级：_____　　姓名：_____　　学号：_____　　同组者：_____
工作时间：第_____周　星期_____第_____节（___年___月___日）

【任务单】

1. 交流电压数值的测量。
2. 直流电压数值的测量。
3. 直流电流数值的测量。
4. 晶体二极管正向电压的测量。
5. 电阻器阻值的测量。

【工作准备】

1. 根据任务单下达的工作任务，备齐仪表。
2. 训练器材：
工具、仪器、材料见表2-1-1。

表2-1-1　工具、仪器、材料

工具、仪器	材料
数字式万用表万一台	5号干电池一节

续表

工具、仪器	材料
	功率电阻若干只
	1N4007、1N4002 和 1N4148 各一只
	连接导线若干

【任务实施】

1. 交流电压数值的测量

2. 直流电压数值的测量（填写表 2-1-2）

表 2-1-2　交流、直流电压数值的记录表

测量对象	测量数值
工频交流电压	
1.5V 干电池的直流电压	

3. 直流电流数值的测量（填写表 2-1-3）

表 2-1-3　直流电流数值的记录表

电路中串联接入电阻的数值	测量数值
100Ω	
200Ω	
1kΩ	

4. 晶体二极管正向电压的测量（填写表 2-1-4）

表 2-1-4　晶体二极管正向电压数值记录表

序号	型号	正向电压数值
1	1N4007	
2	1N4002	
3	1N4148	

5. 电阻器阻值的测量（填写表 2-1-5）

表 2-1-5　电阻器阻值记录表

序号	标称阻值	实测阻值
1	10Ω	
2	470Ω	

续表

序号	标称阻值	实测阻值
3	20kΩ	
4	47kΩ	

【任务评价】

UT33B 型数字式万用表的使用技能评价表，如表 2-1-6 所示。

表 2-1-6　UT33B 型数字式万用表的使用技能评价表

班级		姓名		学号		得分	
考核时间		实际时间			自　时　分起至　时　分		
项目	考核内容		配分	评分标准			扣分
静电防护环境管理检查训练	进行人员、设备、物料、方法、环境五方面的核查		10	对照 ESD 静电管控检查标准，不规范，每项扣 2 分			
认识 UT33B 型数字式万用表面板主要旋钮的名称、作用	1．正确认识 UT33B 型数字式万用表的"HOLD"按钮和"*"背光控制按钮 2．正确认识 UT33B 型数字式万用表的电压挡、直流电流挡、电阻挡和晶体二极管挡的正确位置		10	1．不能正确认识 UT33B 型数字式万用表的"HOLD"和"*"背光控制按钮，扣 1～2 分 2．不能正确认识 UT33B 型数字式万用表各挡位，扣 5 分			
阐述 UT33B 型数字式万用表的正确使用方法	1．正确阐述 UT33B 型数字式万用表的直流电压挡和交流电压挡的使用方法 2．正确阐述 UT33B 型数字式万用表的直流电流挡的使用方法 3．正确阐述 UT33B 型数字式万用表的晶体二极管挡和电阻挡的使用方法		20	不能正确阐述 UT33B 型数字式万用表各挡位的使用方法，扣 5 分			
实际测量	1．测量交流电压值 2．测量干电池直流电压值 3．测量直流电流值 4．测量1N4007、1N4002 和 1N4148 晶体二极管的正向电压值 5．测量各个功率电阻的阻值		50	1．不会使用 UT33B 型数字式万用表的各挡位进行相关测量，扣 30 分 2．测量方法不正确，扣 20 分			
安全文明生产	严格遵守操作规程		10	1．损坏、丢失元器件，扣 2 分 2．物品随意乱放，扣 2 分 3．违反操作规程，酌情扣 4～6 分			
合计			100				

【思考与练习】

一、填空题

1. UT33B 型数字式万用表的显示屏上显示"_____"时，说明此时测量值已超过量程，需要调高量程。

2. 在测量交流电压或直流电压时，不要测量高于_____V 的电压。

3. UT33B 型数字式万用表直流电流测量中，当输入端和地之间的电压超过安全电压_____V 时不允许测量电流。

二、简答题

1. 数字式万用表在操作使用中应注意的事项有哪些？

2. 电阻测量时在什么挡位会有表笔引线电阻带来的误差，应如何处理？

任务二　电阻器、电容器和电感器的使用

班级：_____　姓名：_____　学号：_____　同组者：_____

工作时间：第_____周　星期_____第_____节（_____年_____月_____日）

【任务单】

1. 色环电阻器参数的识别方法。
2. 色环电阻器阻值的检测方法。
3. 电容器参数的识别方法。
4. 电容器性能的检测方法。

【工作准备】

1. 根据任务单下达的工作任务，备齐仪表。
2. 训练器材：

工具、仪器、材料见表 2-2-1。

表 2-2-1　工具、仪器、材料

工具、仪器	材料
数字式万用表和指针式万用表各一台	不同数值色环电阻器 10 只
	各种类型电容器 10 只
	标签若干

【任务实施】

1. 色环电阻器参数的识别方法（填写表 2-2-2）

表 2-2-2　色环电阻器参数记录表

编号	色环	标称阻值	允许误差	编号	色环	标称阻值	允许误差
1				6			
2				7			
3				8			
4				9			
5				10			

2. 色环电阻器阻值的检测方法（填写表 2-2-3）

表 2-2-3　色环电阻器阻值的记录表

编号	量程选择	标称阻值	实测阻值	编号	量程选择	标称阻值	实测阻值
1				6			
2				7			
3				8			
4				9			
5				10			

3. 电容器参数的识别方法（填写表 2-2-4）

表 2-2-4　电容器参数的记录表

编号	名称	标称容量	耐压	介质	编号	名称	标称容量	耐压	介质
1					6				
2					7				
3					8				
4					9				
5					10				

4. 电容器性能的检测方法（填写表 2-2-5）

表 2-2-5　电容器性能的记录表

编号	电容器类别	指针式万用表挡位	指针式万用表是否调零	漏电阻	测量中问题	是否合格
1	云母电容器 $0.1\mu F$					
2	涤纶电容器 $0.01\mu F$					
3	电解电容器 $100\mu F$					
4	电解电容器 $1000\mu F$					

【任务评价】

电阻器、电容器和电感器使用方法训练评价表如表 2-2-6 所示。

表 2-2-6　电阻器、电容器和电感器使用方法训练评价表

班级		姓名		学号		得分	
考核时间		实际时间			自　时　分起至　时　分		
项目	考核内容		配分	评分标准			扣分
静电防护环境管理检查训练	进行人员、设备、物料、方法、环境五方面的核查		10	对照 ESD 静电管控检查标准，不规范，每项扣 2 分			
元器件检测	1. 色环电阻器的识别 2. 电阻器的检测 3. 电容器的识别 4. 电容器的检测		80	1. 色环电阻器识别错误，每个扣 5 分 2. 电阻器检测错误，每个扣 5 分 3. 电容器识别错误，每个扣 5 分 4. 电容器检测错误，每个扣 5 分			
安全文明生产	严格遵守操作规程		10	1. 损坏、丢失元器件，扣 2 分 2. 物品随意乱放，扣 2 分 3. 违反操作规程，酌情扣 4～6 分			
合计			100				

【思考与练习】

一、填空题

1. 电阻器的主要参数有_____、_____和额定功率。

2. 电容器主要参数有：标称容量、_____，还有_____电压和击穿电压。在使用电容器时，为了确保安全和电容器的可靠性，建议按照_____电压的 70% 降额使用。

3. 电感器和电容器一样，也是一种_____元件，它能把电能转变为_____能，并在_____中储存能量。电感器的特性与电容器的特性正好相反，它具有阻止_____通过而让_____通过的特性。

二、简答题

1. 热敏电阻器和光敏电阻器有何特点及应用？

2．写出下列色环表示的电阻器标称阻值和允许误差（注意顺序，允许误差色环在尾部）。

序号	电阻器色环	标称阻值	允许误差	序号	电阻器色环	标称阻值	允许误差
1	棕黑棕银			7	红蓝绿金		
2	棕橙黑黑棕			8	棕红棕金		
3	紫绿橙金			9	黄紫橙金		
4	棕黑黑黑棕			10	红红黑橙红		
5	黄紫黑棕棕			11	绿蓝黑黄蓝		
6	蓝灰黑金			12	黄紫红橙棕		

任务三 常用半导体器件的使用

班级：＿＿＿＿＿ 姓名：＿＿＿＿＿ 学号：＿＿＿＿＿ 同组者：＿＿＿＿＿

工作时间：第＿＿＿＿周 星期＿＿＿＿第＿＿＿＿节（＿＿年＿＿月＿＿日）

【任务单】

1．晶体二极管型号、类型和作用的识别方法。

2．晶体二极管电极的判别方法。

3．晶体三极管制造材料、管型和类别的识别方法。

4．晶体三极管电极的判别方法。

【工作准备】

1．根据任务单下达的工作任务，备齐仪表。

2．训练器材：

工具、仪器、材料见表 2-3-1。

表 2-3-1 工具、仪器、材料

工具、仪器	材料
数字式万用表一台	类型不同的晶体二极管 5 只
	类型不同的晶体三极管 5 只
	标签若干

【任务实施】

1．晶体二极管型号、类型和作用的识别方法（填写表 2-3-2）

表 2-3-2 晶体二极管型号、类型和作用的记录表

编号	型号	类型	作用
1			
2			
3			
4			
5			

2. 晶体二极管电极的判别方法（填写表 2-3-3）

表 2-3-3　晶体二极管电极的记录表

编号	正向电压值	标注正负极（画示意图）
1		
2		
3		
4		
5		

3. 晶体三极管制造材料、管型和类别的识别方法（填写表 2-3-4）

表 2-3-4　晶体三极管制造材料、管型和类别的记录表

编号	制造材料	管型（NPN、PNP）	类别
1			
2			
3			
4			
5			

4. 晶体三极管电极的判别方法（填写表 2-3-5）

表 2-3-5　晶体三极管电极的记录表

编号	发射结（PN 结）正向电阻值	标注各电极（画示意图）
1		

续表

编号	发射结（PN 结）正向电阻值	标注各电极（画示意图）
2		
3		
4		
5		

【任务评价】

晶体二极管和晶体三极管使用方法训练评价表如表 2-3-6 所示。

表 2-3-6　晶体二极管和晶体三极管使用方法训练评价表

班级		姓名		学号		得分	
考核时间		实际时间		自　时　分起至　时　分			
项目	考核内容		配分	评分标准			扣分
静电防护环境管理检查训练	进行人员、设备、物料、方法、环境五方面的核查		10	对照 ESD 静电管控检查标准，不规范，每项扣 2 分			
半导体检测	1．用数字式万用表识别、检测晶体二极管 2．用数字式万用表识别、检测晶体三极管		80	1．晶体二极管识别、检测错误，每个扣 5 分 2．晶体三极管识别、检测错误，每个扣 5 分			
安全文明生产	严格遵守操作规程		10	1．损坏、丢失元器件，扣 2 分 2．物品随意乱放，扣 2 分 3．违反操作规程，酌情扣 4～6 分			
合计			100				

【思考与练习】

一、填空题

1．PN 结的基本特性是具有_____。

2．常见的集成电路封装形式有_____和_____，还有消费类电子产品中用的"软封装"。

3．要使三极管具有电流放大作用，发射结必须加_____电压，集电结必须加_____电压。

二、简答题

1．试分析三极管能否用两个二极管对接构成并简述理由。

2．简述如何识别集成电路的引脚。

手工焊接与返修技能

任务一　手工焊接技能

班级：＿＿＿＿＿　姓名：＿＿＿＿＿　学号：＿＿＿＿＿　同组者：＿＿＿＿＿
工作时间：第＿＿＿周　星期＿＿＿第＿＿＿节（＿＿年＿＿月＿＿日）

【任务单】

手工焊接训练。

【工作准备】

1. 根据任务单下达的工作任务，备齐仪表。
2. 训练器材：
工具、仪器、材料见表3-1-1。

表 3-1-1　工具、仪器、材料

工具、仪器	材料
恒温焊台或电烙铁一把	无尘布
尖嘴钳一把	助焊剂
斜口钳一把	清洗器等
镊子一只	含有1000个孔的多孔印制电路板一块
防静电服、防静电鞋、防静电手套	镀锡裸铜丝若干
防静电手腕带	

【任务实施】

多孔印制电路板（如图所示）可用于焊接训练和搭建实训电路，在多孔印制电路板上采用 $\phi 0.5mm$ 的镀锡裸铜丝进行焊接。

学生焊接练习完成后，可根据学生焊接练习的情况将焊接连线拆除，利用未焊接的焊盘进行类似的焊接训练，直到焊完所用的焊盘。

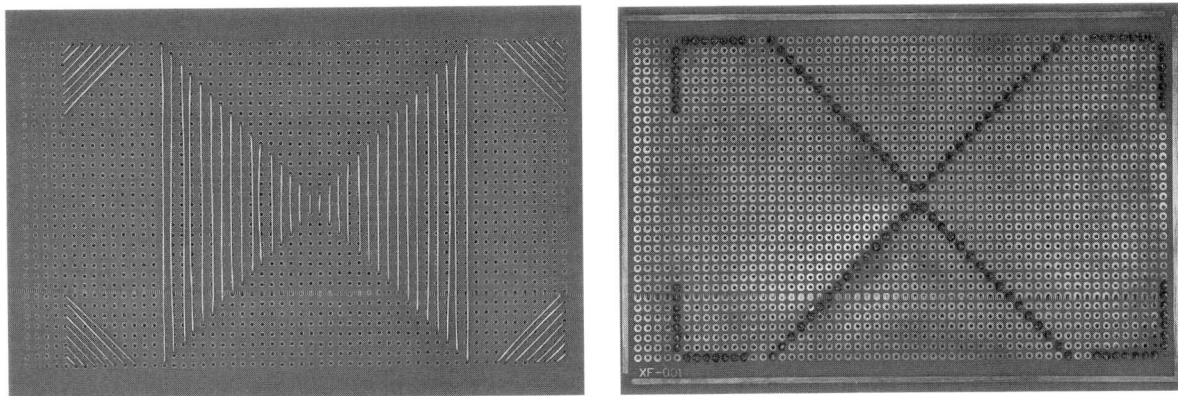

图

【任务评价】

多孔印制电路板镀锡裸铜丝焊接技能训练评价表如表 3-1-2 所示。

表 3-1-2　多孔印制电路板镀锡裸铜丝焊接技能训练评价表

班级		姓名		学号		得分	
考核时间		实际时间		自　时　分起至　时　分			
项目	考核内容		配分	评分标准			扣分
静电防护环境管理检查训练	进行人员、设备、物料、方法、环境五方面的核查		10	对照 ESD 静电管控检查标准，不规范，每项扣 2 分			
导线连接	1. 导线位置安装正确 2. 导线挺直、紧贴印制电路板		30	1. 导线弯曲、拱起，每处扣 2 分 2. 安装位置错误，每处扣 2 分			
焊点质量	1. 焊点大小均匀、有光泽 2. 无搭锡、假焊、虚焊、漏焊、焊盘脱落、桥焊、毛刺和焊盘翘起等现象		40	1. 有搭锡、假焊、虚焊、漏焊、焊盘脱落、桥焊等现象，每处扣 2 分 2. 出现毛刺、焊料过多、焊料过少、焊接点不光滑、引线过长等现象，每处扣 3 分			
安全文明生产	1. 工作台上工具排放整齐 2. 多孔印制电路板表面整洁 3. 严格遵守操作规程		20	1. 多孔印制电路板表面不整洁，扣 10 分 2. 违反操作规程，酌情扣 4～10 分			
合计			100				

【思考与练习】

一、填空题

1. 利用_____或两者并用，使两种金属永久牢固地结合的过程称为焊接。

2. 恒温焊台的烙铁头接地电阻要求在_____欧姆以下。

3. 焊接五步操作法是手工焊接最常用的焊接方法，主要包括准备、_____、熔化锡丝、移动锡丝、撤离五个步骤。

二、简答题

1. 焊接的基本要领是什么？

2. 焊点形成应具备哪些条件？

任务二 印制电路板插装、焊接技能

班级: _____ 姓名: _____ 学号: _____ 同组者: _____
工作时间: 第_____周 星期_____ 第_____节 (___年___月___日)

【任务单】

多孔印制电路板电子元器件插装和焊接技能。

【工作准备】

1. 根据任务单下达的工作任务, 备齐仪表。
2. 训练器材。

【任务实施】

1. 按照多孔印制电路板元器件插装、焊接要求进行电子元器件成型、插装。
2. 在多孔印制电路上进行插装和焊接训练。

【任务评价】

多孔印制电路板插装和焊接技能训练评价表, 如表 3-2-1 所示。

表 3-2-1　多孔印制电路板插装和焊接技能训练评价表

班级		姓名		学号		得分	
考核时间		实际时间		自　时　　分起至　时　　分			
项目	考核内容		配分	评分标准			扣分
静电防护环境管理检查训练	进行人员、设备、物料、方法、环境五方面的核查		10	对照 ESD 静电管控检查标准, 不规范, 每项扣 2 分			
导线连接	1. 导线位置安装正确 2. 导线挺直、紧贴印制电路板		20	1. 导线弯曲、拱起, 每处扣 2 分 2. 安装位置错误, 每个 2 分			
元器件成型及插装	1. 元器件按插装工艺要求成型 2. 元器件插装符合插装工艺图纸 3. 元器件排列整齐、标记方向一致		30	1. 元器件引脚成型不符合要求, 每个扣 3 分 2. 插装位置、极性错误, 每个扣 3 分 3. 元器件排列参差不齐, 标记方向混乱错误, 扣 5 分			

续表

班级		姓名		学号		得分	
考核时间		实际时间		自 时 分起至 时 分			
项目	考核内容		配分	评分标准			扣分
焊点质量	1．焊点大小均匀、有光泽 2．无搭锡、假焊、虚焊、漏焊、焊盘脱落、桥焊、毛刺和焊盘翘起等现象		30	1．有搭锡、假焊、虚焊、漏焊、焊盘脱落、桥焊等现象，每处扣2分 2．出现毛刺、焊料过多、焊料过少、焊接点不光滑、引线过长等现象，每处扣3分			
安全文明生产	1．工作台上工具排放整齐 2．多孔印制电路板表面整洁 3．严格遵守操作规程		10	1．工作台上工具未按要求排列整齐，每错误一处，扣2分 2．损坏元器件和工具，每错误一处扣2分 3．违反操作规程，酌情扣4～10分			
合计			100				

【思考与练习】

一、填空题

1．电阻的引脚成型有_____和_____两种。

2．晶体二极管卧式插装、焊接时，应使晶体二极管离开印制电路板约_____。注意晶体二极管_____不能搞错，同规格的晶体二极管标记方向应_____。

3．插装、焊接集成电路插座时应使其紧贴_____，焊接时应按_____引脚、_____引脚或_____引脚顺序焊接。

二、简答题

1．在电子工业装联工艺中，广泛采用 SnPb 二元合金作为焊料的主要原因是什么？

2．简述印制电路板元器件插装工艺要求。

任务三 手工返修拆焊技能

班级：_____ 姓名：_____ 学号：_____ 同组者：_____
工作时间：第_____周 星期_____第_____节（___年___月___日）

【任务单】

拆焊技能。

【工作准备】

1. 根据任务单下达的工作任务，备齐仪表。
2. 训练器材：
工具、仪器、材料见表 3-3-1。

表 3-3-1 工具、仪器、材料

工具、仪器	材料
恒温焊台或电烙铁一把	锡丝
热风拆焊台	吸锡带
吸锡器	无尘布
放大镜	助焊剂
镊子	清洁剂
剪钳	元器件
清洁毛刷	

【任务实施】

1. 锡焊工艺目视检查（填写表 3-3-2）

表 3-3-2 锡焊工艺目视检查记录表

元器件	缺件	偏移	少锡	多锡	空焊	虚焊	错件	连锡	极性	翻件	侧立	锡珠	翘脚
电阻													
电容													
电感													
二极管													
三极管													

续表

元器件	缺件	偏移	少锡	多锡	空焊	虚焊	错件	连锡	极性	翻件	侧立	锡珠	翘脚
IC													
球栅阵列封装													
晶振													
熔断器													
连接器													

2. 焊点返修

【任务评价】

手工返修拆焊技能训练评价表，如表3-3-3所示。

表3-3-3　手工返修拆焊技能训练评价表

班级		姓名		学号		得分	
考核时间		实际时间			自　时　分起至　时　分		
项目	考核内容		配分	评分标准			扣分
静电防护环境管理检查训练	进行人员、设备、物料、方法、环境五方面的核查		10	对照 ESD 静电管控检查标准，不规范，每项扣2分			
人工目视检查	1. 目视检查工具选择正确 2. 焊接缺陷元器件识别正确		30	1. 静电防护用品使用错误，错误一处扣5分 2. 放大镜、显微镜、罩板选择使用错误，错误一处扣5分 3. 焊接缺陷元器件识别错误，错误一处或遗漏一处扣3分			
返修工具材料准备	1. 电烙铁温度设置合理，烙铁头类型选择正确，锡丝型号选择正确 2. 热风拆焊台温度设置合理，风速设置合理，风嘴型号选择正确 3. 吸锡器温度设置合理，吸锡嘴型号选择正确 4. 辅助工具、材料使用正确		20	1. 电烙铁准备错误，每个扣2分 2. 热风拆焊台准备错误，每个扣2分 3. 吸锡器准备错误，每个扣2分 4. 辅助工具、材料准备使用错误，每个扣2分			
焊点返修	1. 正确使用各种拆焊技术 2. 不损坏元器件和多孔印制电路板 3. 整理各种元器件并分类 4. 正确焊接待返修元器件		30	1. 拆焊没有按要求，每错误一处扣3分 2. 拆焊损坏印制电路板焊盘，每错误一处扣3分 3. 拆焊损坏元器件，每错误一处扣2分 4. 焊接返修元器件质量异常，每错误一处扣3分			

续表

班级		姓名		学号		得分	
考核时间		实际时间			自　时　分起至　时　分		
项目	考核内容		配分	评分标准			扣分
安全文明生产	1．工作台上工具排放整齐 2．多孔印制电路板表面整洁 3．严格遵守操作规程		10	1．工作台上工具未按要求排列整齐，每错误一处，扣2分 2．损坏元器件和工具，每错误一处扣2分 3．违反操作规程，酌情扣4～10分			
合计			100				

【思考与练习】

一、填空题

1．预热是为了提高＿＿＿＿＿＿基础温度，降低热冲击。同时，预热的作用之一是使助焊剂活化。

2．手工焊接握持电烙铁的方法有三种：反握法、正握法、＿＿＿＿＿＿＿＿法。

3．人工目视检查需要准备＿＿＿＿＿＿＿＿、＿＿＿＿＿＿＿、＿＿＿＿＿＿＿、显微镜、罩板和红色不良标签。

二、简答题

1．对印制电路板进行目视检查需要检查元器件焊接工艺中哪些缺陷和不良类型？

2．简述通孔插装工艺的电阻、电容和三极管等分立元件返修拆焊的步骤。

常用电子测量仪器、仪表的使用

任务一　认识常用电子测量仪器、仪表

班级：_____　　姓名：_____　　学号：_____　　同组者：_____

工作时间：第_____周　星期_____第_____节（_____年_____月_____日）

【任务单】

1. 数字示波器的使用方法。
2. 数字信号发生器的使用方法。
3. 数字交流毫伏表的使用方法。

【工作准备】

1. 根据任务单下达的工作任务，备齐仪表。
2. 训练器材：

工具、仪器、材料见表 4-1-1。

表 4-1-1　工具、仪器、材料

工具、仪器	材料
数字示波器一台	连接导线若干
数字信号发生器一台	
数字交流毫伏表一台	

【任务实施】

1. 数字示波器的使用方法

（1）准备工作。

（2）观察"校正信号"波形。

（3）测量幅度。

（4）测量频率。由数字示波器显示屏可直接读出"校正信号"的频率。

（5）显示所有参数。

（6）自动设置波形显示。

2. 数字信号发生器的使用方法

（1）设置输出波形频率。

（2）设置输出幅度。

（3）设置方波。

3. 数字交流毫伏表的使用方法

（1）主通道设置。

（2）测量功能选择。

（3）量程设置。

【任务评价】

认识常用电子测量仪器、仪表训练评价表，如表 4-1-2 所示。

表 4-1-2　认识常用电子测量仪器、仪表训练评价表

班级		姓名		学号		得分	
考核时间		实际时间		自　时　　分起至　时　　分			
项目	考核内容		配分	评分标准			扣分
静电防护环境管理检查训练	进行人员、设备、物料、方法、环境五方面的核查		10	对照 ESD 静电管控检查标准，不规范，每项扣 2 分			
认识数字示波器面板和显示界面	1. 正确认识数字示波器面板 2. 正确认识数字示波器显示界面		30	1. 不能正确认识数字示波器的面板，每个扣 1～2 分 2. 不能正确认识数字示波器的显示界面，每个扣 1～2 分			
认识数字信号发生器面板和显示界面	1. 正确认识数字信号发生器面板 2. 正确认识数字信号发生器显示界面		30	1. 不能正确认识数字信号发生器的面板，每个扣 1～2 分 2. 不能正确认识数字信号发生器的显示界面，每个扣 1～2 分			

续表

班级		姓名		学号		得分	
考核时间		实际时间		自　时　分起至　时　分			
项目	考核内容		配分	评分标准		扣分	
认识数字交流毫伏表面板和显示界面	1. 正确认识数字交流毫伏表面板 2. 正确认识数字交流毫伏表显示界面		20	1. 不能正确认识数字交流毫伏表的面板，每个扣 1～2 分 2. 不能正确认识数字交流毫伏表的显示界面，每个扣 1～2 分			
安全文明生产	严格遵守操作规程		10	违反操作规程，酌情扣 4～10 分			
合计			100				

【思考与练习】

一、填空题

1. 按下 UTD7102C 数字示波器面板上的＿＿＿＿＿键进入参数测量显示菜单，按下＿＿＿＿＿，在波形显示区域弹出一个所有参数测量的显示框。

2. 数字信号发生器采用先进的＿＿＿＿＿＿＿＿技术，产生高保真质量的标准函数信号，如正弦波、方波、斜波、脉冲波等。

3. UT8635N 数字交流毫伏表在进行量程设置时，测量超过＿＿＿＿＿的高电压时，请注意使用正确的量程（38V 或 380V 量程），切勿使用 mV 量程。

二、简答题

1. 简述如何连接数字示波器探头与"校正输出"端。

2. 分析回答：（1）数字信号发生器输出端能否短接；（2）如用屏蔽线作为输出引线，则屏蔽层一端应该接在哪个接线柱上。

任务二 常用电子测量仪器的综合使用

班级：_____ 姓名：_____ 学号：_____ 同组者：_____
工作时间：第_____周 星期_____第_____节（___年___月___日）

【任务单】

综合运用数字示波器、数字信号发生器和数字交流毫伏表测试正弦信号。

【工作准备】

1. 根据任务单下达的工作任务，备齐仪表。
2. 训练器材：
工具、仪器、材料见表4-2-1。

表4-2-1 工具、仪器、材料

工具、仪器	材料
数字示波器一台	连接导线若干
数字信号发生器一台	
数字交流毫伏表一台	

【任务实施】

1. 测试数字示波器"校正信号"的波形幅度和频率（填写表4-2-2）

表4-2-2 测量"校正信号"的幅度、频率记录表

测量项目	标准值	实测值
幅度 Upp/V		
频率 f/kHz		

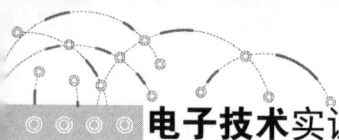

2. 用数字示波器、数字交流毫伏表测量数字信号发生器输出信号参数（填写表 4-2-3）

表 4-2-3　用数字示波器、数字交流毫伏表测量数字信号发生器输出信号参数记录表

数字信号发生器输出信号电压频率	数字示波器测量值			数字交流毫伏表测量值		
	频率/Hz	峰-峰值/V	有效值/V	频率/Hz	峰-峰值/V	dB
100Hz						
1kHz						
10kHz						
100kHz						

3. 测量正弦波信号通过电路产生的延时（填写表 4-2-4）

（1）显示 CH1 通道和 CH2 通道的信号。

（2）测量正弦波信号通过电路后产生的延时，并观察波形的变化。

表 4-2-4　测量正弦波信号通过电路后产生的延时记录表

输入波形	观察记录数字示波器各挡位、波形参数
	时间挡位： 幅度挡位： 峰-峰值：
输出波形	观察记录数字示波器各挡位、波形参数
	时间挡位： 幅度挡位： 峰-峰值：

【任务评价】

常用电子测量仪器的综合使用技能训练评价表，如表 4-2-5 所示。

表 4-2-5　常用电子仪器的综合使用技能训练评价表

班级		姓名		学号		得分	
考核时间		实际时间		自　时　分起至　时　分			
项目	考核内容		配分	评分标准			扣分
静电防护环境管理检查训练	进行人员、设备、物料、方法、环境五方面的核查		10	对照 ESD 静电管控检查标准，不规范，每项扣 2 分			
数字示波器的调试	1．正确测试数字示波器"校正信号"的波形和幅度 2．用数字示波器和数字交流毫伏表测量数字信号发生器输出信号参数 3．测量正弦波信号通过电路产生的延时		40	1．不能正确测试数字示波器"校正信号"的波形和幅度，扣 10 分 2．不能正确使用数字示波器和数字交流毫伏表测量数字信号发生器输出信号参数，扣 10 分 3．不能正确测量正弦波信号通过电路产生的延时，扣 20 分			
数字示波器、数字交流毫伏表和数字信号发生器的综合调试	正确使用数字示波器、数字信号发生器和数字交流毫伏表产生、测量正弦波信号参数		40	不能正确使用数字示波器、数字信号发生器和数字交流毫伏表产生、测量信号参数，每处扣 5 分			
安全文明生产	严格遵守操作规程		10	违反操作规程，酌情扣 4～10 分			
合计			100				

【思考与练习】

一、填空题

1．数字示波器的"校正信号"是"校正输出"端子给出的_____波信号。

2．数字信号发生器输出信号衰减挡位置于"60dB"位置，数字信号发生器给出信号的幅度为 10V 时，衰减_____倍可得到_____的正弦波输出信号。

3．数字交流毫伏表测量时应将测试连接线的"红""黑"色探头分别接在被测信号的两端，调整相应通道上的_____开关即可从表头读出被测信号的电压_____值的数值大小。

二、简答题

1．简述电子电路常用仪表连接中为何要将各测量仪器的接地端接在一起。

2．分析 UTD7102C 数字示波器"自动设置"功能对测试信号的要求。

单元电子电路的设计、装配和调试

任务一 晶体三极管共发射极放大电路

班级：_____ 姓名：_____ 学号：_____ 同组者：_____

工作时间：第____周 星期____第____节（____年____月____日）

【任务单】

1. 分压式偏置放大电路静态工作点的调试与测量。
2. 测量电压放大倍数。
3. 观察静态工作点对输出波形失真的影响。

【工作准备】

1. 根据任务单下达的工作任务，备齐仪表。
2. 训练器材：

工具、仪器、材料见表 5-1-1。

表 5-1-1 工具、仪器、材料

工具、仪器	材料
数字示波器一台	连接导线若干
数字信号发生器一台	焊锡丝若干
数字式万用表一台	元器件见主教材表 5-1-1

续表

工具、仪器	材料
数字交流毫伏表一台	
电烙铁、镊子、尖嘴钳各一把	
直流稳压电源一台	

【任务实施】

1. 分压式偏置放大电路静态工作点的调试与测量

（1）以最大不失真输出为依据进行静态工作点的调试（填写表 5-1-2）。

表 5-1-2　电路最大不失真输出时输入、输出波形记录表

输入波形	观察记录数字示波器各挡位、波形参数
	时间挡位： 幅度挡位： 峰-峰值：
输出波形	**观察记录数字示波器各挡位、波形参数**
	时间挡位： 幅度挡位： 峰-峰值：

（2）测量静态工作点（填写表 5-1-3）。

表 5-1-3　测量静态工作点记录表

U_{BQ}/V	U_{EQ}/V	U_{CQ}/V	U_{BEQ}/V	U_{CEQ}/V	$I_{CQ}(U_{BQ}/R_E)$/mA

2. 测量电压放大倍数

（1）电路接入负载电阻(R_L=2.4kΩ)时放大倍数 A_V（填写表 5-1-4）。

（2）电路没有接入负载电阻时放大倍数 A_V（填写表 5-1-4）。

表 5-1-4 电压放大倍数记录表

输入波形	观察记录数字示波器各挡位、波形参数
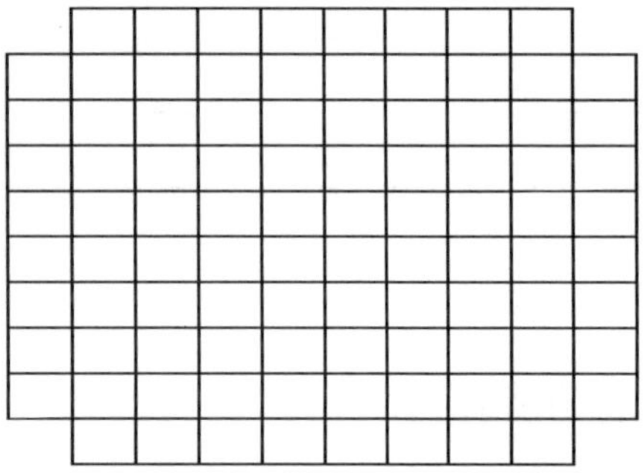	时间挡位： 幅度挡位： 峰-峰值：
有载(R_L=2.4kΩ)时输出波形	观察记录数字示波器各挡位、波形参数
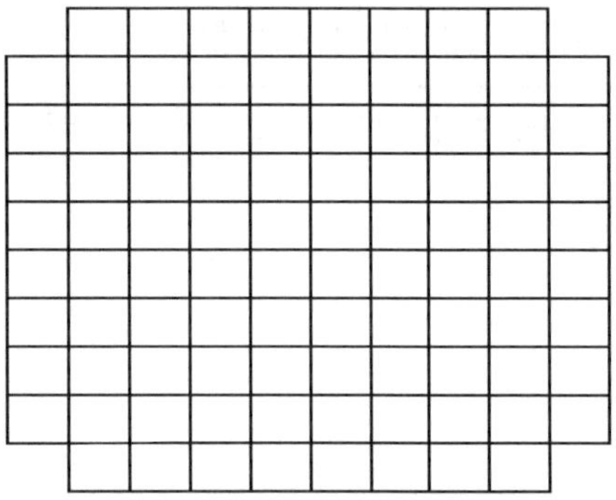	时间挡位： 幅度挡位： 峰-峰值：
空载时输出波形	观察记录数字示波器各挡位、波形参数
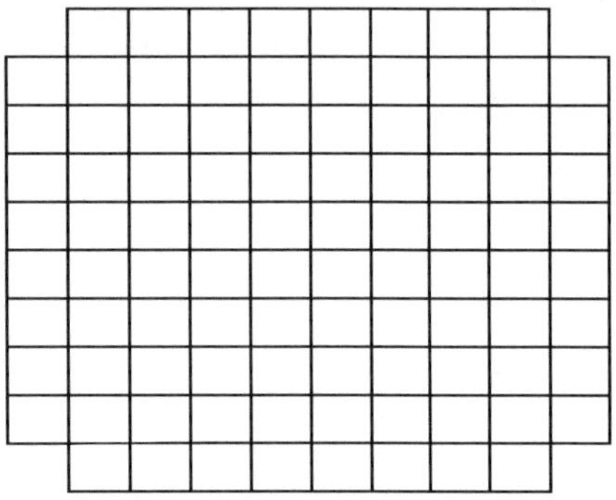	时间挡位： 幅度挡位： 峰-峰值：

（3）比较电路在接负载和空载时的放大能力（填写表 5-1-5）。

表 5-1-5 比较电路在接负载和空载时的放大能力

输入信号电压值(U_{pp})	有载时（接负载电阻）		空载时（不接负载电阻）	
	U_O	A_V	U_O	A_V
20mV				

从表 5-1-5 的数据可发现：分压式偏置放大电路中，接入负载电阻之后，输出信号电压_____（增大、下降）；电压放大倍数_____（增大、下降）。

3. 观察静态工作点对输出波形失真的影响（填写表5-1-6）

表5-1-6　静态工作点对输出波形的影响记录表

调节 R_W	输入波形	观察记录数字示波器各挡位、波形参数	失真形式
R_W阻值调最小		时间挡位： 幅度挡位： 峰-峰值：	
	输出波形	观察记录数字示波器各挡位、波形参数	
R_W阻值调最大		时间挡位： 幅度挡位： 峰-峰值：	

【任务评价】

分压式偏置放大电路的装配与调试技能训练评价表，如表5-1-7所示。

表5-1-7　分压式偏置放大电路的装配与调试技能训练评价表

班级		姓名		学号		得分	
考核时间		实际时间		自　时　分起至　时　分			
项目	考核内容		配分	评分标准			扣分
静电防护环境管理检查训练	进行人员、设备、物料、方法、环境五方面的核查		10	对照ESD静电管控检查标准，不规范，每项扣2分			
元器件成型及插装	1. 正确使用常用工具 2. 按元器件明细表对元器件引线成型 3. 元器件装配完整，不能错装和缺装，导线连接正确		10	1.常用工具使用不正确，扣5分 2.元器件引线加工不符合工艺要求，每个扣1～3分			

续表

班级		姓名		学号		得分	
考核时间		实际时间			自　时　分起至　时　分		
项目	考核内容		配分	评分标准			扣分
印制电路板焊接	1. 元器件插装符合工艺要求 2. 无错装、漏装现象 3. 焊点大小均匀、有光泽、无毛刺，无假焊现象 4. 导线不能断裂，焊盘不能翘起		20	1. 元器件插装不符合要求，每个扣 2 分 2. 焊点不符合要求，每点扣 3 分 3. 导线断裂、焊盘翘起扣 5 分			
调试	1. 放大电路静态工作点的测量与调试 2. 测量电压放大倍数 3. 观察静态工作点对电压放大倍数的影响 4. 观察静态工作点对输出波形失真的影响 5. 测量最大不失真输出电压		50	1. 不能正确使用数字式万用表、数字信号发生器、数字示波器和数字交流毫伏表，每处扣 5 分 2. 测量方法不正确，每处扣 5 分			
安全文明生产	严格遵守操作规程		10	违反操作规程，酌情扣 4~10 分			
合计			100				

【思考与练习】

一、填空题

1. 放大电路有两种工作状态，当 $u_i=0$ 时电路的状态称为_____态，有交流信号 u_i 输入时，放大电路的工作状态称为_____态。

2. 由于三极管输入、输出特性的_____及信号幅度过大和_____选择不当所造成的失真称为_____。

3. 分压式偏置放大电路中，发射极旁路电容 C_E 开路会引起电压放大倍数_____，对静态工作点产生_____的影响。

二、简答题

1. 简述分压式偏置放大电路稳定静态工作点的过程。

2. 总结 R_C、R_L 及静态工作点对放大器电压放大倍数的影响。

任务二 两级阻容耦合负反馈放大电路

班级：_____ 姓名：_____ 学号：_____ 同组者：_____

工作时间：第_____周 星期_____第_____节（___年___月___日）

【任务单】

1. 两级阻容耦合负反馈放大电路的静态工作点（开环状态）的调试与测量。
2. 测量两级阻容耦合负反馈放大电路的开环电压放大倍数 A_V。
3. 测量两级阻容耦合负反馈放大电路的闭环电压放大倍数 A_{Vf}。
4. 测试负反馈对非线性失真的改善。

【工作准备】

1. 根据任务单下达的工作任务，备齐仪表。
2. 训练器材：

工具、仪器、材料见表 5-2-1。

表 5-2-1 工具、仪器、材料

工具、仪器	材料
数字示波器一台	连接导线若干
数字信号发生器一台	焊锡丝若干
数字式万用表一台	元器件见主教材表 5-2-1
数字交流毫伏表一台	
电烙铁、镊子、尖嘴钳各一把	
直流稳压电源一台	

【任务实施】

1. 两级阻容耦合负反馈放大电路的静态工作点（开环状态）的调试与测量

（1）以最大不失真输出为依据进行调试（填写表 5-2-2）。

表 5-2-2　电路最大不失真输出时输入、输出波形记录表

输入波形	观察记录数字示波器各挡位、波形参数
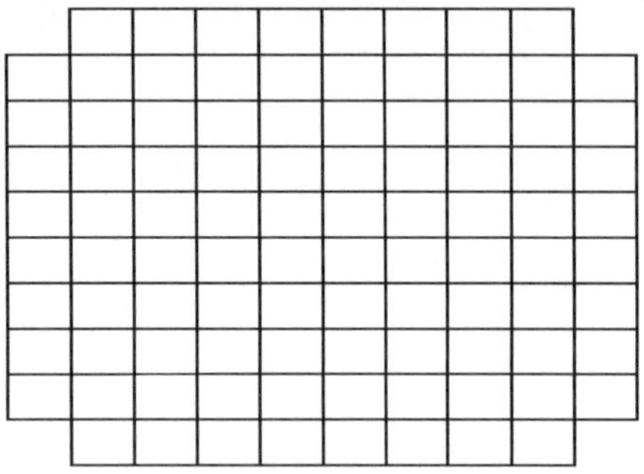	时间挡位： 幅度挡位： 峰-峰值：
输出波形	**观察记录数字示波器各挡位、波形参数**
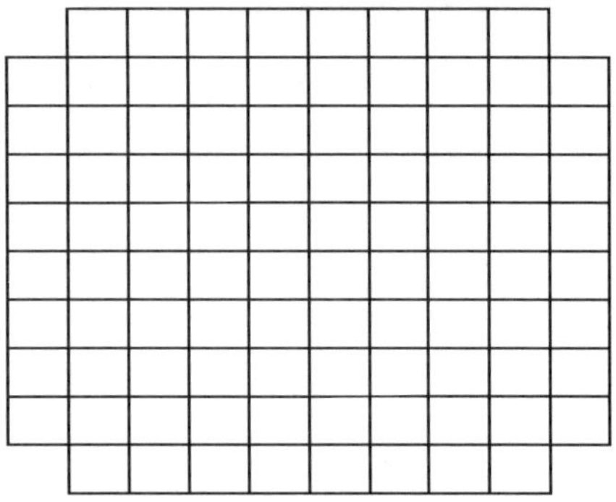	时间挡位： 幅度挡位： 峰-峰值：

（2）测量静态工作点（填写表 5-2-3）。

表 5-2-3　静态工作点测量记录表

	U_{BQ}/V	U_{EQ}/V	U_{CQ}/V	U_{BEQ}/V	U_{CEQ}/V
第一级					
第二级					

2. 测量两级阻容耦合负反馈放大电路的开环电压放大倍数 A_V（填写表 5-2-4）

表 5-2-4　两级阻容耦合负反馈放大电路的开环电压放大倍数 A_V 记录表

输入波形	观察记录数字示波器各挡位、波形参数	开环电压放大倍数
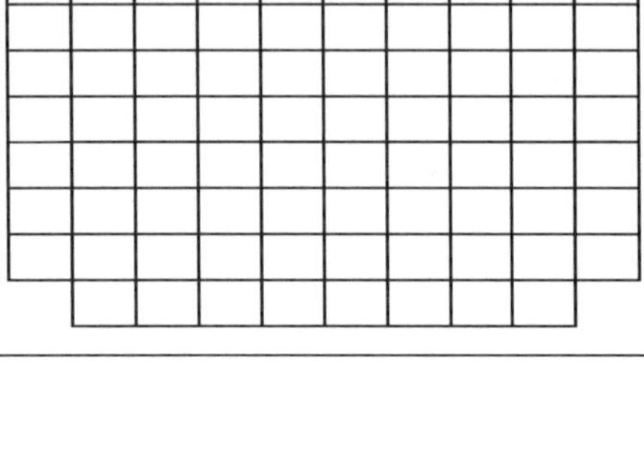	时间挡位： 幅度挡位： 峰-峰值：	$A_V = U_o/U_i =$

开环时的输出波形	观察记录数字示波器 各挡位、波形参数	
	时间挡位： 幅度挡位： 峰-峰值：	

3. 测量两级阻容耦合负反馈放大电路的闭环电压放大倍数 A_Vf（填写表 5-2-5）

表 5-2-5　两级阻容耦合负反馈放大电路的闭环电压放大倍数 A_Vf 记录表

输入波形	观察记录数字示波器 各挡位、波形参数	闭环电压放大倍数
	时间挡位： 幅度挡位： 峰-峰值：	
闭环时的输出波形	观察记录数字示波器 各挡位、波形参数	$A_\mathrm{Vf}=U_\mathrm{o}/U_\mathrm{i}=$
	时间挡位： 幅度挡位： 峰-峰值：	

4. 测试负反馈对非线性失真的改善（填写表 5-2-6）

表 5-2-6　引入负反馈后对非线性失真的改善情况记录表

输入波形	观察记录示波器各挡位、波形参数
	时间挡位： 幅度挡位： 峰-峰值：
无负反馈时的输出波形	观察记录数字示波器各挡位、波形参数
	时间挡位： 幅度挡位： 峰-峰值：
有负反馈时的输出波形	观察记录数字示波器各挡位、波形参数
	时间挡位： 幅度挡位： 峰-峰值：

【任务评价】

两级阻容耦合负反馈放大电路的装配与调试技能训练评价表，如表 5-2-7 所示。

表 5-2-7　两级阻容耦合负反馈放大电路的装配与调试技能训练评价表

班级		姓名		学号		得分	
考核时间		实际时间			自　时　分起至　时　分		
项目	考核内容		配分	评分标准			扣分
静电防护环境管理检查训练	进行人员、设备、物料、方法、环境五方面的核查		10	对照 ESD 静电管控检查标准，不规范，每项扣 2 分			
元器件成型及插装	1. 正确使用常用工具 2. 按元器件明细表对元器件引线成型 3. 元器件装配完整，不能错装和缺装，导线连接正确		10	1. 常用工具使用不正确，扣 5 分 2. 元器件引线加工不符合工艺要求，每个扣 1～3 分			
印制电路板焊接	1. 元器件插装符合工艺要求 2. 无错装、漏装现象 3. 焊点大小均匀、有光泽、无毛刺，无假焊现象 4. 导线不能断裂，焊盘不能翘起		20	1. 元器件插装不符合要求，每个扣 2 分 2. 焊点不符合要求，每点扣 3 分 3. 导线断裂、焊盘翘起，扣 5 分			
调试	1. 放大电路静态工作点的测量与调试 2. 测试基本放大电路的电压放大倍数 A_V 3. 测试负反馈放大电路的各项性能指标 4. 观察负反馈对非线性失真的改善		50	1. 不能正确使用数字式万用表、数字信号发生器、数字示波器和数字交流毫伏表，每处扣 5 分 2. 测量方法不正确，每处扣 5 分			
安全文明生产	严格遵守操作规程		10	违反操作规程，酌情扣 4～10 分			
合计			100				

【思考与练习】

一、填空题

1. 负反馈放大电路是以_____为代价，换取放大电路性能的改善。

2. 根据反馈电路在_____，可判别是串联还是并联反馈。通常采用_____来判别正反馈或负反馈。

3. 串联负反馈可以使放大电路的输入电阻_____，并联负反馈可以使放大电路的输入电阻_____；电压负反馈可以使放大电路的输出_____稳定，电流负反馈可以使放大电路的输出_____稳定。

二、简答题

1. 试分析如图所示电路是否存在反馈；若存在反馈，则用"瞬时极性法"画出反馈极性并判断反馈类型。

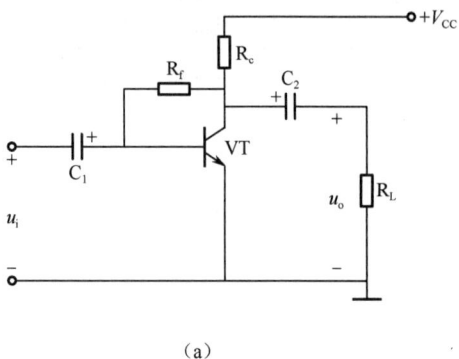

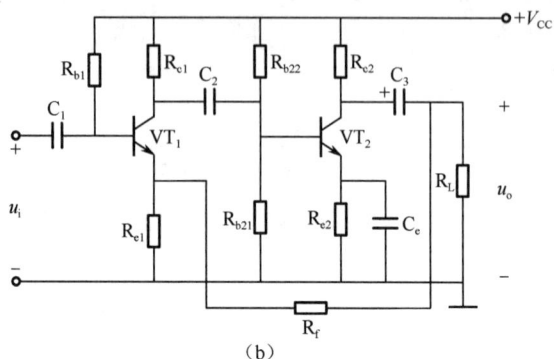

（a）　　　　　　　　　　　　　　　　（b）

图

2. 根据实验结果，总结电压串联负反馈对放大电路性能的影响。

任务三 晶体三极管共集电极放大电路

班级：_____ 姓名：_____ 学号：_____ 同组者：_____
工作时间：第_____周 星期_____第_____节（___年___月___日）

【任务单】

1. 放大电路静态工作点的调试与测量。
2. 测量电压放大倍数。
3. 测量输出电阻 R_O。
4. 测量输入电阻 R_i。

【工作准备】

1. 根据任务单下达的工作任务，备齐仪表。
2. 训练器材：
工具、仪器、材料见表 5-3-1。

表 5-3-1 工具、仪器、材料

工具、仪器	材料
数字示波器一台	连接导线若干
数字信号发生器一台	焊锡丝若干
数字式万用表一台	元器件见主教材表 5-3-1
数字交流毫伏表一台	
电烙铁、镊子、尖嘴钳各一把	
直流稳压电源一台	

【任务实施】

首先，按主教材中图 5-3-3 所示电路在多孔印制电路板上正确插装、焊接各元器件及电路连接线。其次，在检查各元器件装配、连线无误后，接通+12V 电源。最后，调试与测量共集电极放大电路的静态工作点及电路参数。

1. 放大电路静态工作点的调试与测量

（1）以最大不失真输出为依据进行静态工作点的调试（填写表 5-3-2）。

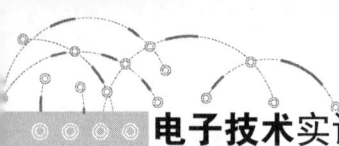

表 5-3-2　电路最大不失真输出时输入、输出波形记录表

输入波形	观察记录数字示波器各挡位、波形参数
	时间挡位： 幅度挡位： 峰-峰值：
输出波形	观察记录数字示波器各挡位、波形参数
	时间挡位： 幅度挡位： 峰-峰值：

（2）测量静态工作点（填写表 5-3-3）。

表 5-3-3　测量静态工作点记录表

U_{BQ}/V	U_{EQ}/V	U_{CQ}/V	U_{BEQ}/V	U_{CEQ}/V	I_{EQ}（U_{EQ}/R_E）/mA

2. 测量电压放大倍数（填写表 5-3-4）

（1）电路接入负载电阻（R_L=2.4kΩ）时电压放大倍数 A_V。

（2）电路没有接入负载电阻时电压放大倍数 A_V。

表 5-3-4　电压放大倍数记录表

输入波形	观察记录数字示波器 各挡位、波形参数	
	时间挡位： 幅度挡位： 峰-峰值：	

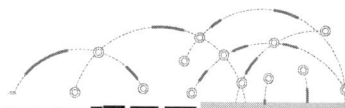

有载（R_L=2.4kΩ）时的输出波形	观察记录数字示波器 各挡位、波形参数	有载时的电压放大倍数
	时间挡位： 幅度挡位： 峰-峰值：	$A_V=U_o/U_i=$
空载时的输出波形	观察记录数字示波器 各挡位、波形参数	空载时的电压放大倍数
	时间挡位： 幅度挡位： 峰-峰值：	$A_V=U_o/U_i=$

3. 测量输出电阻 R_o（填写表5-3-5）

表5-3-5 输出电阻 R_o 的测量

输入信号幅度	空载时 U_o/mV	有载时 U_L/mV	R_O/kΩ
U_{pp}=20mV			

4. 测量输入电阻 R_i（填写表5-3-6）

表5-3-6 输入电阻 R_i 的测量

U_S/mV	U_i/mV	R_i/kΩ

【任务评价】

晶体三极管共集电极放大电路的装配与调试技能训练评价表，如表5-3-7所示。

表 5-3-7　晶体三极管共集电极放大电路的装配与调试技能训练评价表

班级		姓名		学号		得分	
考核时间		实际时间		自　时　分起至　时　分			
项目	考核内容		配分	评分标准			扣分
静电防护环境管理检查训练	进行人员、设备、物料、方法、环境五方面的核查		10	对照 ESD 静电管控检查标准，不规范，每项扣 2 分			
元器件成型及插装	1. 正确使用常用工具 2. 按元器件明细表对元器件引线成型 3. 元器件装配完整，不能错装和缺装，导线连接正确		10	1. 常用工具使用不正确，扣 5 分 2. 元器件引线加工不符合工艺要求，每个扣 1~3 分			
印制电路板焊接	1. 元器件插装符合工艺要求 2. 无错装、漏装现象 3. 焊点大小均匀、有光泽、无毛刺，无假焊现象 4. 导线不能断裂，焊盘不能翘起		20	1. 元器件插装不符合要求，每个扣 2 分 2. 焊点不符合要求，每点扣 3 分 3. 导线断裂、焊盘翘起，扣 5 分			
调试	1. 静态工作点的调整 2. 测量电压放大倍数 A_v 3. 测量输出电阻 R_O 4. 测量输入电阻 R_i		50	1. 不能正确使用数字式万用表、数字信号发生器、数字示波器和数字交流毫伏表，每处扣 5 分 2. 测量方法不正确，每处扣 5 分			
安全文明生产	严格遵守操作规程		10	违反操作规程，酌情扣 4~10 分			
合计			100				

【思考与练习】

一、填空题

1. 射极输出器的_____为输入回路和输出回路的公共端，所以，它是一种_____放大电路。

2. 射极输出器的特点之一是输入电压与输出电压_____相。

3. 射极输出器可以作为多级放大电路的中间变换电路，是因为它具有_____大、_____小的特点。

二、简答题

1. 画出如图所示放大电路的直流通路和交流通路。

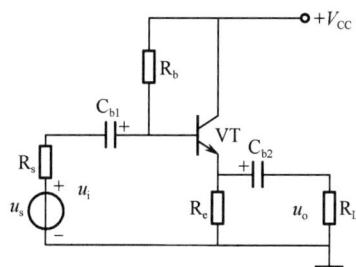

图

2. 分析晶体三极管共集电极放大电路的性能和特点。

任务四 OTL 互补对称功率放大电路

班级：_____ 姓名：_____ 学号：_____ 同组者：_____

工作时间：第_____周 星期_____第_____节（___年___月___日）

【任务单】

1. OTL 互补对称功率放大电路静态工作状态的调试。
2. OTL 互补对称功率放大电路各级静态工作点的测量。
3. 不同负载下最大输出功率 P_{om} 的测量。
4. 测量 OTL 互补对称功率放大电路的交越失真。
5. 测量 OTL 互补对称功率放大电路的效率 η。
6. 试听 OTL 互补对称功率放大电路的音频质量。

【工作准备】

1. 根据任务单下达的工作任务，备齐仪表。
2. 训练器材：

工具、仪器、材料见表 5-4-1。

表 5-4-1 工具、仪器、材料

工具、仪器	材料
数字示波器一台	连接导线若干
数字信号发生器一台	焊锡丝若干
数字式万用表一台	元器件见主教材表 5-4-1
数字交流毫伏表一台	
电烙铁、镊子、尖嘴钳各一把	
直流稳压电源一台	

【任务实施】

1. OTL 互补对称功率放大电路静态工作状态的调试

2. OTL 互补对称功率放大电路各级静态工作点的测量

（1）以最大不失真输出为依据进行静态工作点的调试（填写表 5-4-2）。

表 5-4-2　电路最大不失真输出时输入、输出波形记录表

输入波形	观察记录数字示波器各挡位、波形参数
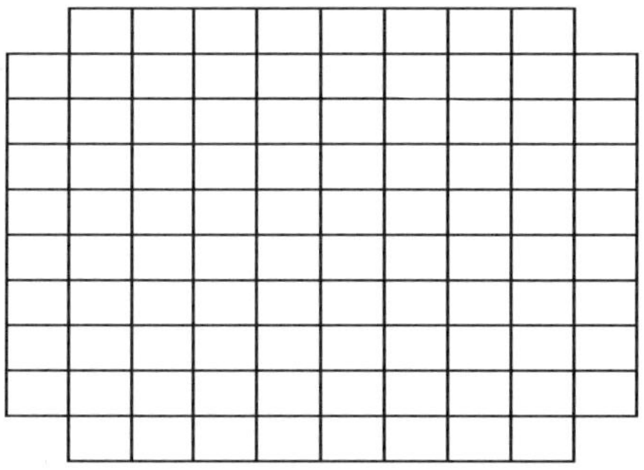	时间挡位： 幅度挡位： 峰-峰值：
输出波形	观察记录数字示波器各挡位、波形参数
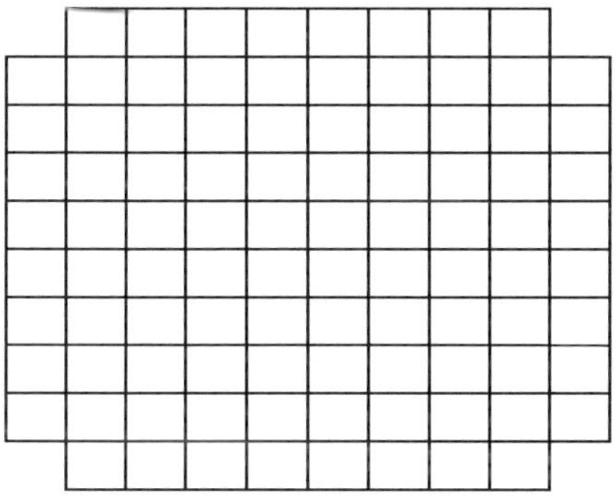	时间挡位： 幅度挡位： 峰-峰值：

（2）测量静态工作点（填写表 5-4-3）。

表 5-4-3　静态工作点测量记录表

测量项目	U_{BQ}/V	U_{EQ}/V	U_{CQ}/V	U_{BEQ}/V	U_{CEQ}/V
VT_1					
VT_2					
VT_3					

3. 不同负载下最大输出功率 P_{om} 的测量（填写表 5-4-4）

表 5-4-4　不同负载下最大输出功率 P_{om} 的测量记录表

测量项目	U_i/V	U_o/V	P_{om}（理论值）	P_{om}（测量值）
$R_L=8\Omega$				
$R_L=32\Omega$				

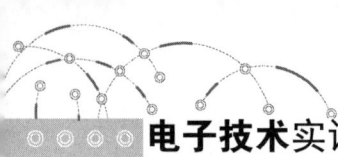

4. 测量 OTL 互补对称功率放大电路的交越失真（填写表 5-4-5）

表 5-4-5　测量 OTL 互补对称功率放大电路的交越失真情况记录表

输入波形	观察记录数字示波器各挡位、波形参数
	时间挡位： 幅度挡位： 峰-峰值：
输出波形	观察记录数字示波器各挡位、波形参数
	时间挡位： 幅度挡位： 峰-峰值：
交越失真时的输出波形	观察记录数字示波器各挡位、波形参数
	时间挡位： 幅度挡位： 峰-峰值：

5. 测量 OTL 互补对称功率放大电路的效率 η（填写表 5-4-6）

表 5-4-6　测量 OTL 互补对称功率放大电路的效率记录

U_i/V	U_o/V	$P_{om}=U_o^2/R_L$	I_{DC}/mA	$P_{DC}=V_{CC}I_{DC}$	$\eta=\dfrac{P_{om}}{P_{DC}}$

6. 试听 OTL 互补对称功率放大电路的音频质量

【任务评价】

OTL 互补对称功率放大电路的装配与调试技能训练评价表，如表 5-4-7 所示。

表 5-4-7　OTL 互补对称功率放大电路的装配与调试技能训练评价表

班级		姓名		学号		得分	
考核时间			实际时间		自　时　　分起至　时　　分		
项目	考核内容		配分	评分标准			扣分
静电防护环境管理检查训练	进行人员、设备、物料、方法、环境五方面的核查		10	对照 ESD 静电管控检查标准，不规范，每项扣 2 分			
元器件成型及插装	1．正确使用常用工具 2．根据元器件明细表对元器件引线成型 3．元器件装配完整，不能错装和缺装，导线连接正确		10	1．常用工具使用不正确，扣 5 分 2．元器件引线加工不符合工艺要求，每个扣 1～3 分			
印制电路板焊接	1．元器件插装符合工艺要求 2．无错装、漏装现象 3．焊点大小均匀、有光泽．无毛刺，无假焊现象 4．导线不能断裂，焊盘不能翘起		20	1．元器件插装不符合要求，每个扣 2 分 2．焊点不符合要求，每点扣 3 分 3．导线断裂、焊盘翘起，扣 5 分			
调试	1．静态工作点的测试 2．不同负载下最大输出功率 P_{om} 的测量 3．测量 η 4．试听		50	1．不能正确使用数字式万用表、数字示波器和数字交流毫伏表，每处扣 5 分 2．测量方法不正确，每处扣 5 分			
安全文明生产	严格遵守操作规程		10	违反操作规程，酌情扣 4～10 分			
合计			100				

【思考与练习】

一、填空题

1．向负载提供足够的功率的放大器称为＿＿＿＿＿＿＿。

2．互补对称功放电路中的"互补"是指功放电路的两只功放管必须一只是＿＿＿＿＿型，一只是＿＿＿＿型，两管的电流放大倍数 β 要求＿＿＿＿＿＿。

3．静态时，OTL 功率放大器的输出端中点的电位应是＿＿＿＿＿＿。

二、简答题

1．按要求画图并简要回答问题：

（1）将图（a）中各元件连接起来构成基本的 OTL 功率放大电路，并简要说明其工作原理；

（2）将图（b）、图（c）中的三极管连接起来分别构成 NPN 型和 PNP 型复合管。

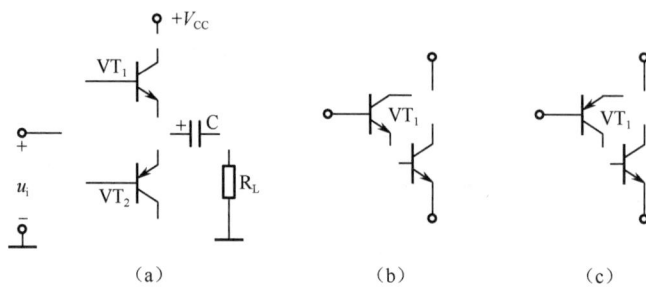

图

2. 分析图（a）电路存在何种失真问题，如何在电路中进行改善。

任务五 集成运算电路模块与应用

班级：＿＿＿＿＿　姓名：＿＿＿＿＿　学号：＿＿＿＿＿　同组者：＿＿＿＿＿

工作时间：第＿＿＿＿周　星期＿＿＿＿第＿＿＿＿节（＿＿＿年＿＿月＿＿日）

【任务单】

1. 清点检测元器件。
2. 正确放置并焊接元器件。
3. 智能环保路灯控制电路功能测试。
4. 测量 IC_1 各引脚电压。

【工作准备】

1. 根据任务单下达的工作任务，备齐仪表。
2. 训练器材：

工具、仪器、材料见表 5-5-1。

表 5-5-1　工具、仪器、材料

工具、仪器	材料
数字式万用表一台	连接导线若干
电烙铁、镊子、斜口钳各一把	焊锡丝若干
螺丝刀	元器件见主教材表 5-5-1
直流稳压电源一台	

【任务实施】

1. 清点检测元器件（填写表 5-5-2）

表 5-5-2　实训电路元器件检测表

序号	代号	名称	型号与规格	数量	检测工具	功能是否正常/数量是否正确
1	R_1	电阻器	20kΩ	1		
2	R_2	电阻器	30kΩ	1		
3	R_3	电阻器	1kΩ	1	数字式万用表电阻挡	
4	R_4	电阻器	470Ω	1		
5	R_{P1}	电位器	100kΩ	1		

序号	代号	名称	型号与规格	数量	检测工具	功能是否正常/数量是否正确
6	VZ$_1$	稳压管	3V	1	数字式万用表二极管挡（检测单向导电性）	
7	LED	发光二极管	ϕ5mm 红管	1		
8	IC$_1$	四运放	LM324	1		
9	R$_G$	光敏电阻	暗电阻较大	1	数字式万用表电阻挡（检测亮电阻及暗电阻）	
10	J$_1$	电源插座	排针	1		

2. 正确放置并焊接元器件

3. 智能环保路灯控制电路功能测试（填写表 5-5-3）

表 5-5-3　LED 发光状态表记录表

实验操作	正常光照	遮光
LED 发光状态		

4. 测量 IC$_1$ 各引脚电压（填写表 5-5-4 和表 5-5-5）

表 5-5-4　正常光照下 IC$_1$ 各引脚电压记录表

IC$_1$ 引脚	1	2	3	4	5	6	7
测得电压/V							
IC$_1$ 引脚	8	9	10	11	12	13	14
测得电压/V							

表 5-5-5　遮光状态下 IC$_1$ 各引脚电压记录表

IC$_1$ 引脚	1	2	3	4	5	6	7
测得电压/V							
IC$_1$ 引脚	8	9	10	11	12	13	14
测得电压/V							

【任务评价】

智能环保路灯控制电路的装配与调试技能训练评价表，如表 5-5-6 所示。

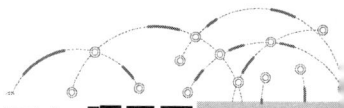

表 5-5-6　智能环保路灯控制电路的装配与调试技能训练评价表

班级		姓名		学号		得分	
考核时间		实际时间		自　时　分起至　时　分			
项目	考核内容		配分	评分标准			扣分
静电防护环境管理检查训练	进行人员、设备、物料、方法、环境五方面的核查		10	对照 ESD 静电管控检查标准,不规范,每项扣 2 分			
元器件成型及插装	1. 正确使用常用工具 2. 按元器件明细表对元器件引线成型 3. 元器件装配完整,不能错装和缺装,导线连接正确		10	1. 常用工具使用不正确,扣 5 分 2. 元器件引线加工不符合工艺要求,每个扣 1～3 分			
印制电路板焊接	1. 元器件插装符合工艺要求 2. 无错装、漏装现象 3. 焊点大小均匀、有光泽、无毛刺,无假焊现象 4. 导线不能断裂,焊盘不能翘起		20	1. 元器件插装不符合要求,每个扣 2 分 2. 焊点不符合要求,每点扣 3 分 3. 导线断裂、焊盘翘起,扣 5 分			
调试	1,在正常日光下,光敏电阻 R_G 不遮光,调节 R_{P1},使 IC_1 引脚 3 的电压为 3V,LED 不亮 2. 光敏电阻 R_G 遮光,LED 点亮 3. 在保证电路功能正常并且焊接正确的前提下,测量 IC_1 各引脚电压		50	1. 不能正确使用数字式万用表、数字信号发生器、数字示波器和数字交流毫伏表,每处扣 5 分 2. 测量方法不正确,每处扣 5 分			
安全文明生产	严格遵守操作规程		10	违反操作规程,酌情扣 4～10 分			
合计			100				

【思考与练习】

一、填空题

1.发光二极管发光的条件是在电路中接上_____电压,管子中有几毫安的_____电流就能发光。

2. 光电二极管正常工作时要加_____工作电压,其作用是将_____(光能或电能)转变成_____(光能或电能),实现光信号到电信号的转换。

3. 集成运放有两个输入端,标有"−"号的称为_____输入端,标有"+"号的称为_____输入端。

二、简答题

1. 简述理想集成运放的条件并回答由条件得出的两个重要结论。

2. 集成运放电路如图所示，R_1=5kΩ，R_f=20kΩ，u_i=0.5V，（1）求输出电压 u_o 的值；（2）求平衡电阻 R_2 的值。

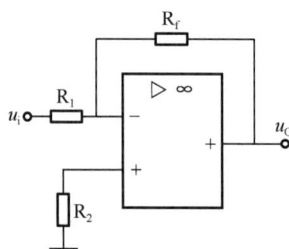

图

任务六 μA741 构成的正弦波振荡电路

班级: _____ 姓名: _____ 学号: _____ 同组者: _____
工作时间: 第_____周 星期_____第_____节 (____年____月____日)

【任务单】

1. 测量集成运放 μA741 构成的正弦波振荡电路的输出波形 u_o。
2. 测量振荡频率。
3. 分析晶体二极管 VD_1、VD_2 的稳幅作用。
4. 观察 RC 串并联网络参数的改变对电路性能的影响。

【工作准备】

1. 根据任务单下达的工作任务, 备齐仪表。
2. 训练器材:
工具、仪器、材料见表 5-6-1。

表 5-6-1 工具、仪器、材料

工具、仪器	材料
数字示波器一台	连接导线若干
数字式万用表一台	焊锡丝若干
数字交流毫伏表一台	元器件见主教材表 5-6-1
电烙铁、镊子、尖嘴钳各一把	
直流稳压电源一台	

【任务实施】

1. 测量集成运放 μA741 构成的正弦波振荡电路的输出波形 u_o (填写表 5-6-2)

表 5-6-2　测量集成运放 μA741 构成的正弦波振荡电路的输出波形 u_0 记录表

调节 R_W	输出波形	观察记录数字示波器挡位参数、波形参数
R_W 阻值调适中		时间挡位： 幅度挡位： 峰-峰值：
R_W 阻值调最小		时间挡位： 幅度挡位： 峰-峰值：
R_W 阻值调最大		时间挡位： 幅度挡位： 峰-峰值

2．测量振荡频率（填写表 5-6-3）

表 5-6-3　测量振荡频率记录表

测量项目	测量值	理论值
f_0		

3. 分析晶体二极管 VD₁、VD₂ 的稳幅作用（填写表 5-6-4）

表 5-6-4　VD₁、VD₂ 稳幅作用的影响

正常的输出波形	观察记录数字示波器各挡位、波形参数
	时间挡位： 幅度挡位： 峰-峰值：
断开晶体二极管 VD₁（或 VD₂）的输出波形	观察记录数字示波器各挡位、波形参数
	时间挡位： 幅度挡位： 峰-峰值：

4. 观察 RC 串并联网络参数的改变对电路性能的影响（填写表 5-6-5）

表 5-6-5　RC 串并联网络参数的改变对电路性能的影响记录表

测量项目	测量值	计算值
f_0		

【任务评价】

集成运放 μA741 构成的正弦波振荡电路的装配与调试技能训练评价表，如表 5-6-6 所示。

表 5-6-6　集成运放 μA741 构成的正弦波振荡电路的装配与调试技能训练评价表

班级		姓名		学号		得分	
考核时间		实际时间			自　时　　分起至　时　　分		
项目	考核内容		配分	评分标准			扣分
静电防护环境管理检查训练	进行人员、设备、物料、方法、环境五方面的核查		10	对照 ESD 静电管控检查标准，不规范，每项扣 2 分			

续表

班级		姓名		学号		得分	
考核时间		实际时间			自　时　　分起至　时　　分		
项目	考核内容		配分	评分标准			扣分
元器件成型及插装	1．正确使用常用工具 2．按元器件明细表对元器件引线成型 3．元器件装配完整，不能错装和缺装，导线连接正确		10	1．常用工具使用不正确，扣5分 2．元器件引线加工不符合工艺要求，每个扣1～3分			
印制电路板焊接	1．元器件插装符合工艺要求 2．无错装、漏装现象 3．焊点大小均匀、有光泽、无毛刺，无假焊现象 4．导线不能断裂，焊盘不能翘起		20	1．元器件插装不符合要求，每个扣2分 2．焊点不符合要求，每点扣3分 3．导线断裂、焊盘翘起，扣5分			
调试	1．电路起振，用数字示波器观测输出电压 u_o 波形 2．测量振荡频率，并与计算值进行比较 3．分析晶体二极管 VD_1、VD_2 的稳幅作用 4．RC 串并联网络参数的改变对电路性能的影响		50	1．不能正确使用数字式万用表、数字信号发生器、数字示波器和数字交流毫伏表，每处扣5分 2．测量方法不正确，每处扣5分			
安全文明生产	严格遵守操作规程		10	违反操作规程，酌情扣4～10分			
合计			100				

【思考与练习】

一、填空题

1．RC 振荡电路的稳幅通常可以采用_____和_____来实现。

2．RC 桥式振荡电路采用_____作为选频网络；LC 正弦波振荡电路通常采用_____作为选频网络。

3．RC 桥式振荡器又称为_____，它主要由放大器和选频网络组成，反馈系数 $F=$_____。

二、简答题

1．试分析正弦波振荡电路中各部分的作用。

2. 如图所示 RC 正弦波振荡电路中，已知输出信号的频率为 1kHz，RC 串并联网络中电容 $C_1=C_2=0.01\mu F$，求 R_1、R_2 的阻值。

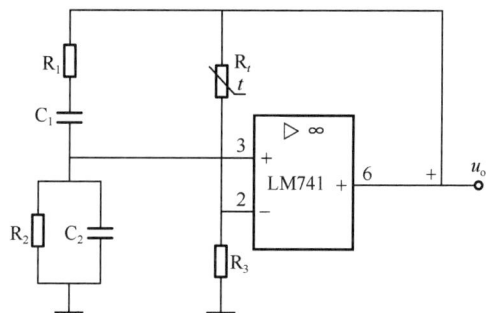

图

任务七 三端集成稳压器

班级：_____　姓名：_____　学号：_____　同组者：_____

工作时间：第_____周　星期_____第_____节（_____年_____月_____日）

【任务单】

1. 观察测量整流滤波前后波形差异。
2. 测量电路的输出电压 U_o 和最大输出电流 I_{omax}。
3. 测量稳压系数 S。

【工作准备】

1. 根据任务单下达的工作任务，备齐仪表。
2. 训练器材：

工具、仪器、材料见表 5-7-1。

表 5-7-1　工具、仪器、材料

工具、仪器	材料
数字示波器一台	连接导线若干
数字式万用表一台	焊锡丝若干
电烙铁、镊子、尖嘴钳各一把	元器件见主教材表 5-7-1
工频可调电源一台	

【任务实施】

1. 观察测量整流滤波前后波形差异（填写表 5-7-2）

表 5-7-2　观察测量整流滤波前后波形差异记录表

整流之后的输出波形	观察记录数字示波器各挡位、波形参数
	时间挡位： 幅度挡位： 峰-峰值：

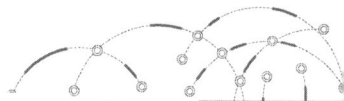

续表

整流和滤波之后的输出波形	观察记录数字示波器各挡位、波形参数
	时间挡位： 幅度挡位： 峰-峰值：

2. 测量电路的输出电压 U_o 和最大输出电流 I_{omax}

（1）测量输出电压 U_o（填写表 5-7-3）。

表 5-7-3　测量输出电压 U_o 记录表

测量项目	输出电压/V
输出端接 R_L	

（2）测量最大输出电流 I_{omax}（填写表 5-7-4）。

表 5-7-4　测量最大输出电流 I_{omax} 记录表

测量项目	最大输出电流/A
输出端接 R_W	

3. 测量稳压系数 S（填写表 5-7-5）

表 5-7-5　测量稳压系数 S 记录表

测量项目	输出电压	稳压系数 S
输入电压数值为 16V		
输入电压数值为 17.6V		
输入电压数值为 14.4V		

【任务评价】

三端固定式集成稳压器 W7812 构成的电源电路装配与调试技能训练评价表，如表 5-7-6 所示。

表 5-7-6　三端固定式集成稳压器 W7812 构成的电源电路装配与调试技能训练评价表

班级		姓名		学号		得分		
考核时间		实际时间			自　时　分起至　时　分			
项目	考核内容		配分	评分标准				扣分
静电防护环境管理检查训练	进行人员、设备、物料、方法、环境五方面的核查		10	对照 ESD 静电管控检查标准，不规范，每项扣 2 分				
元器件成型及插装	1. 正确使用常用工具 2. 按元器件明细表对元器件引线成型 3. 元器件装配完整，不能错装和缺装，导线连接正确		10	1. 常用工具使用不正确，扣 5 分 2. 元器件引线加工不符合工艺要求，每个扣 1～3 分				
印制电路板焊接	1. 元器件插装符合工艺要求 2. 无错装、漏装现象 3. 焊点大小均匀、有光泽、无毛刺，无假焊现象 4. 导线不能断裂，焊盘不能翘起		20	1. 元器件插装不符合要求，每个扣 2 分 2. 焊点不符合要求，每点扣 3 分 3. 导线断裂、焊盘翘起，扣 5 分				
调试	1. 测量整流滤波前后波形差异 2. 测量电路的输出电压 U_o 和最大输出电流 I_{omax} 3. 测量稳压系数 S		50	1. 不能正确使用数字式万用表、数字信号发生器、数字示波器和数字交流毫伏表，每处扣 5 分 2. 测量方法不正确，每处扣 5 分				
安全文明生产	严格遵守操作规程		10	违反操作规程，酌情扣 4～10 分				
合计			100					

【思考与练习】

一、填空题

1. 三端固定式集成稳压器是属于_____电路，仅有_____端、_____端和_____端三个接线端。

2. 三端集成稳压器按输出电压是否可调整可分为_____式和_____式两大类；按输出电压的极性可分为_____电压输出和_____电压输出两大类。

3. 现需要用 CW78××、CW79×× 系列的三端集成稳压器设计一个输出电压为 +9V，-9V 的稳压电路，应选用_____和_____型号的三端集成稳压器。

二、简答题

1. 简述三端集成稳压器其内部电路单元。

2. 试分析如图所示的三端集成稳压器电路的错误之处，并改正。

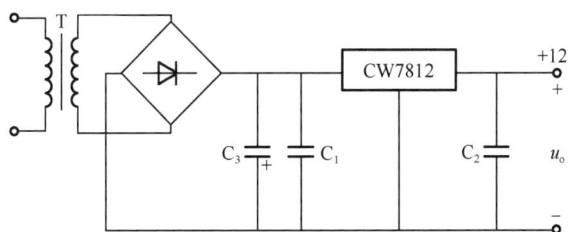

图

责任编辑：张　凌

封面设计：彩丰文化

ISBN 978-7-121-49274-7

定价：47.50元